普通高等教育"十四五"规划教材

PUTONG GAODENGJIAOYU SHISIWU GUIHUA JIAOCAI

机械工程材料实验

◎主　编：董丽君　高为国

◎主　审：吴安如

JIXIEGONGCHENGCAILIAOSHIYAN

U0747875

中南大学出版社

www.csupress.com.cn

内容简介

本书是在湖南工程学院"机械基础实验中心"湖南省普通高等学校省级基础课示范实验室建设成果的基础上，根据湖南省普通高等学校省级精品课程"机械工程材料"（湘教通〔2009〕252 号）的建设目标要求，结合普通高等学校机械类专业"卓越工程师教育培养计划"项目的建设方案和对"机械工程材料"课程改革的具体需求，按照"机械工程材料"课程实验教学大纲组织编写的。

本书内容包括材料的硬度测试及对比分析、铁碳合金的平衡组织观察与分析、碳钢的热处理工艺及其对性能的影响、钢的非平衡组织特征与性能分析、钢的回火稳定性测试及对比分析、铸铁及非铁合金的显微组织观察与分析、铁碳合金的显微组织分析与鉴别、常用金属材料的火花鉴别与特征分析、材料的冲击韧度测试与断口分析、材料的显微组织与显微硬度分析十个实验项目，书末还附有常用钢的临界温度表、压痕直径与布氏硬度对照表、黑色金属硬度及强度换算表供实验时查询。

本书是普通高等学校机械类、近机械类等专业学生的实验教材，亦可作为相关学科以及机械设计、材料加工等行业工程技术人员学习与培训的参考资料。

总序 F⊛REWORD.

机械工程学科作为联结自然科学与工程行为的桥梁，它是支撑物质社会的重要基础，在国家经济发展与科学技术发展布局中占有重要的地位。21 世纪的机械工程学科面临诸多重大挑战，其突破将催生社会重大经济变革。当前机械工程学科进入了一个全新的发展阶段，总的发展趋势是：以提升人类生活品质为目标，发展新概念产品、高效高功能制造技术、功能极端化装备设计制造理论与技术、制造过程智能化和精准化理论与技术、人造系统与自然世界和谐发展的可持续制造技术等。这对担负机械工程人才培养任务的高等学校提出了新挑战：高校必须突破传统思维束缚，培养能适应国家高速发展需求的、具有机械学科新知识结构和创新能力的高素质人才。

为了顺应机械工程学科高等教育发展的新形势，湖南省机械工程学会、湖南省机械原理教学研究会、湖南省机械设计教学研究会、湖南省工程图学教学研究会、湖南省金工教学研究会与中南大学出版社一起积极组织了高等学校机械类专业系列教材的建设规划工作，成立了规划教材编委会。编委会由各高等学校机电学院院长及具有较高理论水平和教学经验的教授、学者和专家组成。编委会组织国内近 20 所高等学校长期在教学、教改第一线工作的骨干教师召开了多次教材建设研讨会和提纲讨论会，充分交流教学成果、教改经验、教材建设经验，把教学研究成果与教材建设结合起来，并对教材编写的指导思想、特色、内容等进行了充分的论证，统一认识，明确思路。在此基础上，经编委会推荐和遴选，近百名具有丰富教学实践经验的教师参加了这套教材的编写工作。历经两年多的努力，这套教材终于与读者见面了，它凝结了全体编写者与组织者的心血，是他们集体智慧的结晶，也是他们教学教改成果的总结，体现了编写者对教育部"质量工程"精神的深刻领悟和对本学科教育规律的把握。

这套教材包括了高等学校机械类专业的基础课和部分专业基础课教材。整体看来，这套教材具有以下特色：

(1)根据教育部高等学校教学指导委员会相关课程的教学基本要求编写。遵循"重基础、宽口径、强能力、强应用"的原则，注重科学性、系统性、实践性。

（2）注重创新。本套教材不但反映了机械学科新知识、新技术、新方法的发展趋势和研究成果，还反映了其他相关学科在与机械学科的融合与渗透中产生的新前沿，体现了学科交叉对本学科的促进；教材与工程实践联系密切，应用实例丰富，体现了机械学科应用领域在不断扩大。

（3）注重质量。本套教材编写组对教材内容进行了严格的审定与把关，教材力求概念准确、叙述精练、案例典型、深入浅出、用词规范，采用最新国家标准及技术规范，确保了教材的高质量与权威性。

（4）教材体系立体化。为了方便教师教学与学生学习，本套教材还提供了电子课件、教学指导、教学大纲、考试大纲、题库、案例素材等教学资源支持服务平台。

教材要出精品，而精品不是一蹴而就的，我将这套书推荐给大家，请广大读者对它提出意见与建议，以利进一步提高。也希望教材编委会及出版社能做到与时俱进，根据高等教育改革发展形势、机械工程学科发展趋势和使用中的新体验，不断对教材进行修改、创新、完善，精益求精，使之更好地适应高等教育人才培养的需要。

衷心祝愿这套教材能在我国机械工程学科高等教育中充分发挥它的作用，也期待着这套教材能哺育新一代学子茁壮成长。

中国工程院院士　钟　掘

前言 PREFACE.

　　本书是在湖南工程学院"机械基础实验中心"湖南省普通高等学校省级基础课示范实验室建设成果的基础上，根据湖南省普通高等学校省级精品课程"机械工程材料"的建设目标要求，结合普通高等学校机械类专业"卓越工程师教育培养计划"项目的建设方案和对"机械工程材料"课程改革的具体要求，按照"机械工程材料"课程实验教学大纲组织编写的。主要作为普通高等学校应用型本科机械类、近机械类专业"机械工程材料"课程的实验教材，亦可作为职业技术学院、函授大学、电视大学、职工大学等相关专业的实验教材和参考书。

　　本书在编写过程中，立足于应用型本科院校的人才培养目标，注重培养工程实践应用能力和综合分析与解决工程实际问题的能力。书中着重介绍了实验目的、实验的基本原理、方法、步骤和注意事项等，对于实验中所用的各种仪器设备只作了简单的介绍。本书中全部采用最新的国家标准，并使用法定计量单位。

　　本书内容包括材料的硬度测试及对比分析、铁碳合金的平衡组织观察与分析、碳钢的热处理工艺及其对性能的影响、钢的非平衡组织特征与性能分析、钢的回火稳定性测试及对比分析、铸铁及非铁合金的显微组织观察与分析、铁碳合金的显微组织分析与鉴别、常用金属材料的火花鉴别与特征分析、材料的冲击韧度测试与断口分析、材料的显微组织与显微硬度分析十个实验项目，书末还附有常用钢的临界温度表、压痕直径与布氏硬度对照表、黑色金属硬度及强度换算表供实验时查询。

　　书中实验一、实验二、实验三由湖南工程学院高为国编写，实验四、实验五、实验六由湖南工程学院董丽君编写，实验七、实验八由湖南工程学院彭小敏编写，实验九、实验十由湖南工程学院胡亚群编写，全书由董丽君、高为国任主编，吴安如任主审。在本书的编写过程中，参阅了以往其他版本的同类教材、相关的技术标准和资料等，在此表示衷心感谢。

　　由于编者的水平有限，加之编写时间仓促，书中不足之处在所难免，恳切希望广大读者批评指正。

编　者

CONTENTS. 目录

实验一　材料的硬度测试及对比分析

一、实验目的

1. 熟悉硬度测定的基本原理及应用范围。

2. 了解布氏、洛氏硬度试验机的主要结构及操作方法。

3. 通过数据处理和硬度标尺之间的换算，比较各材料之间的硬度大小，同时了解材料的种类、热处理状态对其硬度的影响。

二、实验概述

硬度测量能够给出金属材料软硬程度的数量概念。由于在金属表面以下不同深处材料所承受的应力和所发生的变形程度不同，因而硬度值可以综合地反映压痕附近局部体积内金属的弹性、微量塑变抗力、塑变强化能力以及大量变形抗力。硬度值越高，表明金属抵抗塑性变形能力越大，材料产生塑性变形就越困难。另外，硬度与其他力学性能（如强度指标及塑性指标）之间有一定的内在联系，所以从某种意义上说硬度的大小对于机械零件或工具的使用性能及寿命具有决定性意义。

常用的硬度试验方法有：

布氏硬度试验：主要用于黑色、有色金属原材料检验，也可用于退火、正火钢铁零件的硬度测定。

洛氏硬度试验：主要用于金属材料热处理后的产品硬度检验。

维氏硬度试验：主要用于薄板或金属表层的硬度测定以及较精确的硬度测定。

显微硬度试验：主要用于测定金属材料的显微组织组分或相组分的硬度测定。

1. 布氏硬度

布氏硬度试验是将一直径为 D 的淬火钢球或硬质合金球压头，在规定的试验力 F 作用下压入被测金属表面，保持一定时间 t 后卸除试验力，并测出试样表面的压痕直径 d，根据所选择的试验力 F、球体直径 D 及所测得的压痕直径 d 的数值，求出被测金属的布氏硬度值 HBS 或 HBW，布氏硬度的测试原理如图 1-1 所示。

在试验测量时，可由测出的压痕直径 d 直接查压痕直径与布氏硬度对照表而得到所测的布氏硬度值。在进行布氏硬度试验时，球体直径 D、施加的试验力 F 和试验力的保持时间 t 都应根据被测金属的种类、硬度范围和试样的厚度范围进行选择。布氏硬度试验规范如表 1-1 所示。

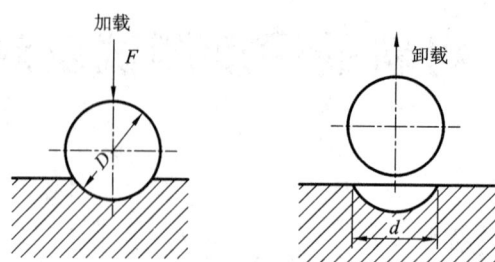

图 1-1 布氏硬度的测试原理图

表 1-1 布氏硬度试验规范

金属 类型	布氏硬度值范围 （HBS）	试样厚度 /mm	载荷 F 与钢球 直径 D 的关系	钢球直径 D/mm	载荷 F/kgf	载荷保持时间 t/s
黑色 金属	140~450	6~3	$F = 30D^2$	10	3000	10
		4~2		5	750	
		<2		2.5	187.5	
	<140	>6	$F = 10D^2$	10	1000	10
		6~3		5	250	
		<3		2.5	62.5	
有色 金属	>130	6~3	$F = 30D^2$	10	3000	30
		4~2		5	750	
		<2		2.5	187.5	
	36~130	>6	$F = 10D^2$	10	1000	30
		6~3		5	250	
		<3		2.5	62.5	
	8~35	>6	$F = 2.5D^2$	10	250	60
		6~3		5	62.5	
		<3		2.5	15.6	

布氏硬度试验测出的硬度值比较准确，但它不宜测定成品件或薄片金属的硬度，也不能测定硬度高于 450HBS 或 650HBW 的金属材料，否则压头（淬火钢球或硬质合金球）会产生塑性变形或破裂，而降低测量的精度。

2. 洛氏硬度

洛氏硬度试验是以锥角为 120° 的金刚石圆锥体或者直径为 1.588 mm 的淬火钢球为压头，在规定的初载荷和主载荷作用下压入被测金属的表面，然后卸除主载荷，在保留初载荷的情况下，测出由主载荷所引起的残余压入深度 h 值，再由 h 值确定洛氏硬度值 HR 的大小。洛氏硬度的测试原理如图 1-2 所示。

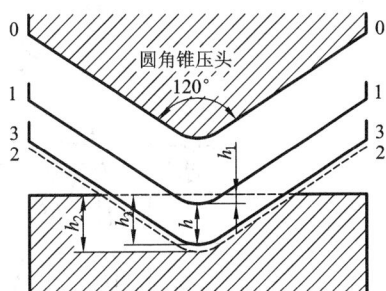

图 1 - 2   洛氏硬度实验原理示意图

洛氏硬度值的计算公式为:

$$HR = K - \frac{h}{0.002}$$

式中 h 的单位为 mm。K 为常数,当采用金刚石圆锥压头时,$K = 100$;当采用淬火钢球压头时,$K = 130$。为了能用同一硬度计测定从极软到极硬材料的硬度,可以通过采用不同的压头和载荷,组成 15 种不同的洛氏硬度标尺,其中最常用的有 HRA、HRB、HRC 三种。

常用洛氏硬度的试验规范如表 1 - 2 所示。

表 1 - 2   三种常用洛氏硬度的试验规范

符号	压头类型	载荷/kgf	硬度值有效范围	使用范围
HRA	120°金刚石圆锥体	60 (600N)	60 ~ 85	适用于测量硬质合金、表面淬火层或渗碳层
HRB	直径为 1.588 mm 的淬火钢球	100 (1000N)	25 ~ 100	适用于测量有色金属、退火钢、正火钢等
HRC	120°金刚石圆锥体	150 (1500N)	20 ~ 70	适用于测量调质钢、淬火钢等

三、实验仪器设备及材料

1. HB - 3000 型布氏硬度试验机

2. JC - 10 型读数显微镜

3. HRS - 150 型数显洛氏硬度计

4. 材料:① $\phi 20 \times 15$ mm 的 45 钢和 T12 钢,淬火 + 回火态;

   ② 6.5 mm 厚的铝板和 4 mm 厚的铜板。

布氏硬度计:HB - 3000 型布氏硬度计的结构如图 1 - 3 所示。

试验时将试样放在工作台 6 上,按顺时针方向转动手轮 9,使工作台上升至试样与压头 5 相接触,并在手轮打滑后,开动电动机 12,经二级蜗轮蜗杆减速器 13 减速后,驱动轴柄 15 沿逆时针方向转动,此时压头即可以由砝码 18 通过大杠杆 19、小杠杆 1 及压轴 3 的作用,以

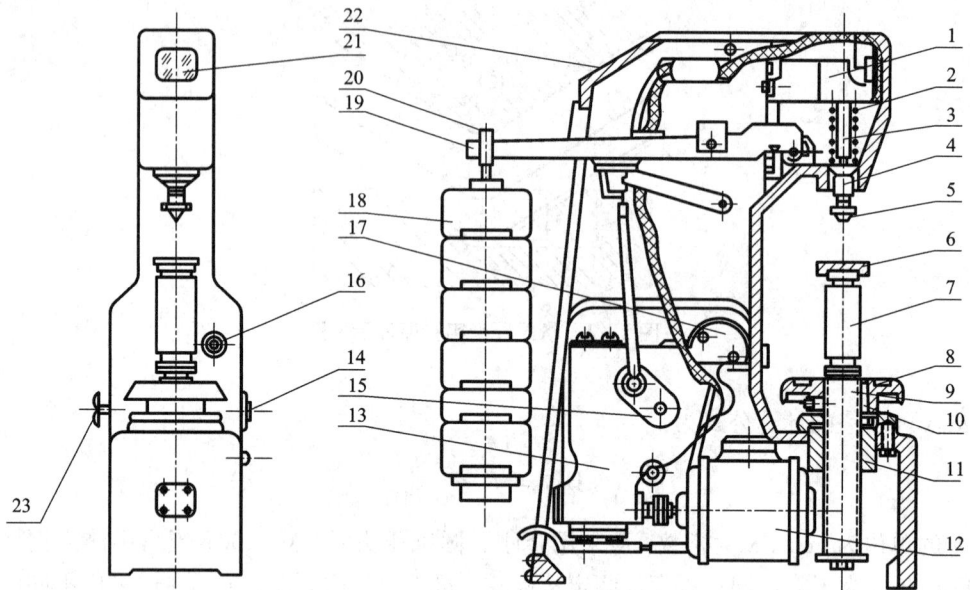

图 1-3   HB-3000 型布氏硬度计简图

1—小杠杆；2—弹簧；3—压轴；4—主轴衬套；5—压头；6—工作台；7—工作台立柱；8—螺杆；9—升降手轮；10—螺母；11—套筒；12—电机；13—减速器；14—压紧螺钉；15—轴柄；16—按钮开关；17—换向开关；18—砝码；19—大杠杆；20—吊环；21—加荷指示灯；22—机体；23—电源开关

一定大小的载荷压入试样。停留一定时间后，电动机自动反转，曲柄连杆带动摇杆上升而卸除载荷。在关闭电动机后，反时针方向转动手轮，使工作台下降并取下试样。最后用读数显微镜测出压痕直径 d 值，根据 d 值的大小查表即可求得布氏硬度值。

JC-10 型读数显微镜：读数显微镜的结构如图 1-4 所示。

读数显微镜由测微目镜组、物镜筒 1、长镜筒 2、镜筒底座 3 所组成。长镜筒靠镜筒锁紧螺丝 20 与镜筒套合座 19 连接。在测微目镜组中，在目镜的焦面上固定不动地装着刻有从 0 到 6 mm 标尺的分划板 4，一格的分划值为 1 mm。分划板的刻线面朝下，就在这个下平面上，在允许的间隙内，装着第二块玻璃分划板 5，在其朝向目镜的上平面上刻有互为直角的两根长丝。分划板 5 坚实地与分划板座 6 连接，下分划板座 6 可以沿读数鼓轮的测微螺丝 7 的轴心移动。下分划板 6 的移动平滑性由精致的滑板 8、滑板槽 9、拉力弹簧 10、测微螺丝 7 与固定的读数指示套 11 内的开口螺帽 12 的良好配合来保证。当以顺时针方向旋转读数鼓轮时，测微螺丝 7 使下分划板座 6 带动下分划板 5 向前移动；当以逆时针方向旋动读数鼓轮时，拉力弹簧 10 则向后拉回下分划板座 6 连同下分划板 5。

读数鼓轮的测微螺丝的螺距为 1 mm，而不动的上分划板 4 的分划值也等于 1 mm，所以读数鼓轮转动一周，下分划板 5 上的长线就相对上分划板移动一格。这样根据不动的上分划板便可以读出读数鼓轮的整转来。读数鼓轮分成 100 个格，而测微螺丝的螺距等于 1 mm，读数鼓轮转动一格便为 0.01 mm，全部读数等于上分划板上的读数加上读数鼓轮上的读数。

读数显微镜的使用方法：将仪器置于被测物体上，使被测物件的被测部分用自然光或用灯光照明，然后调节目镜螺旋，使视场中同时看清分划板和物体像。进行测量时，先旋动读

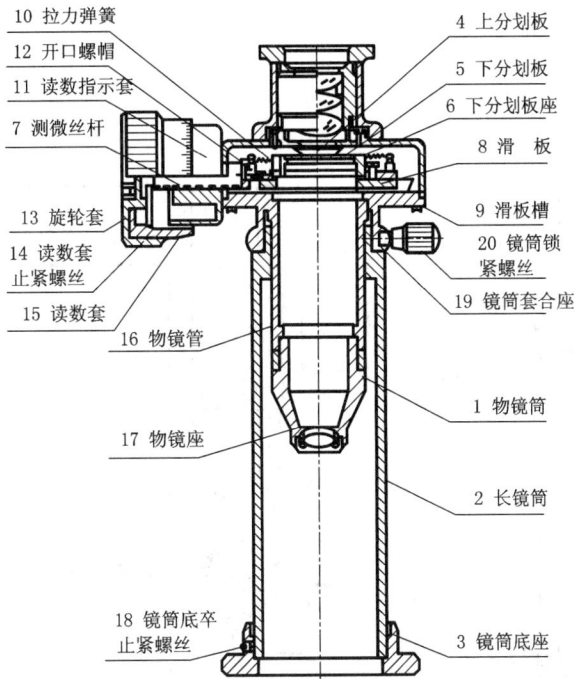

图 1 - 4　JC - 10 型读数显微镜的结构

数鼓轮，使刻有长丝的玻璃分划板移动，同时稍微转动读数显微镜，使竖直长丝与被测圆孔压痕的一边相切，得到一个读数，然后再旋动读数鼓轮，使竖直长丝与被测圆孔压痕的另一边相切，又得到一个读数，二者之差即为被测圆孔压痕的直径。

　　HRS - 150 型数显洛氏硬度计：由主机及微型打印机两大部分组成，如图 1 - 5 所示。

　　主机由机身、主轴部件、负荷杠杆部件、加卸荷机构、变荷机构、试台升降装置及以单片机为核心的电气控制系统等组成，主机与微型打印机由一根灰缆线来连接。

　　主机结构功能简图 1 - 5 中机身 2 为一封闭的壳体。除试台、升降装置和变荷机构外，其他部件均置于壳体内，因此外形美观，便于保持清洁。

　　主轴部件由负荷轴 34、压头轴 40、小杠杆 39、初负荷弹簧 33、位移传感器 37 等组成，98.07 N(10kgf) 的初试验力是由压头轴等零件的自重及位移传感器通过小杠杆对压头的作用力加上初负荷弹簧的变形力等构成，其中以初负荷弹簧的作用力为主。主试验力则由吊杆 16 上的砝码 19、20、21 通过大杠杆 31、负荷螺钉 35 等组成并施加到压头上。压痕深度的测量由小杠杆 39、位移传感器 37 及机身中的计数电路来实现。

　　加卸荷机构由偏心轮 15、推动轴 14、加卸荷电机 30 等组成。加荷时由电机带动偏心轮转动，促使推动轴、大杠杆缓慢下降，主试验力就逐渐施加到压头上。卸荷时电机带动偏心轮继续转动，将推动轴、大杠杆顶起，使之回到初始位置，主试验力就被卸除。

　　变荷机构由变荷手柄 22、托叉 18 等组成，通过转动变荷手柄，使托叉托住相应的砝码销 17，从而达到变荷的目的。

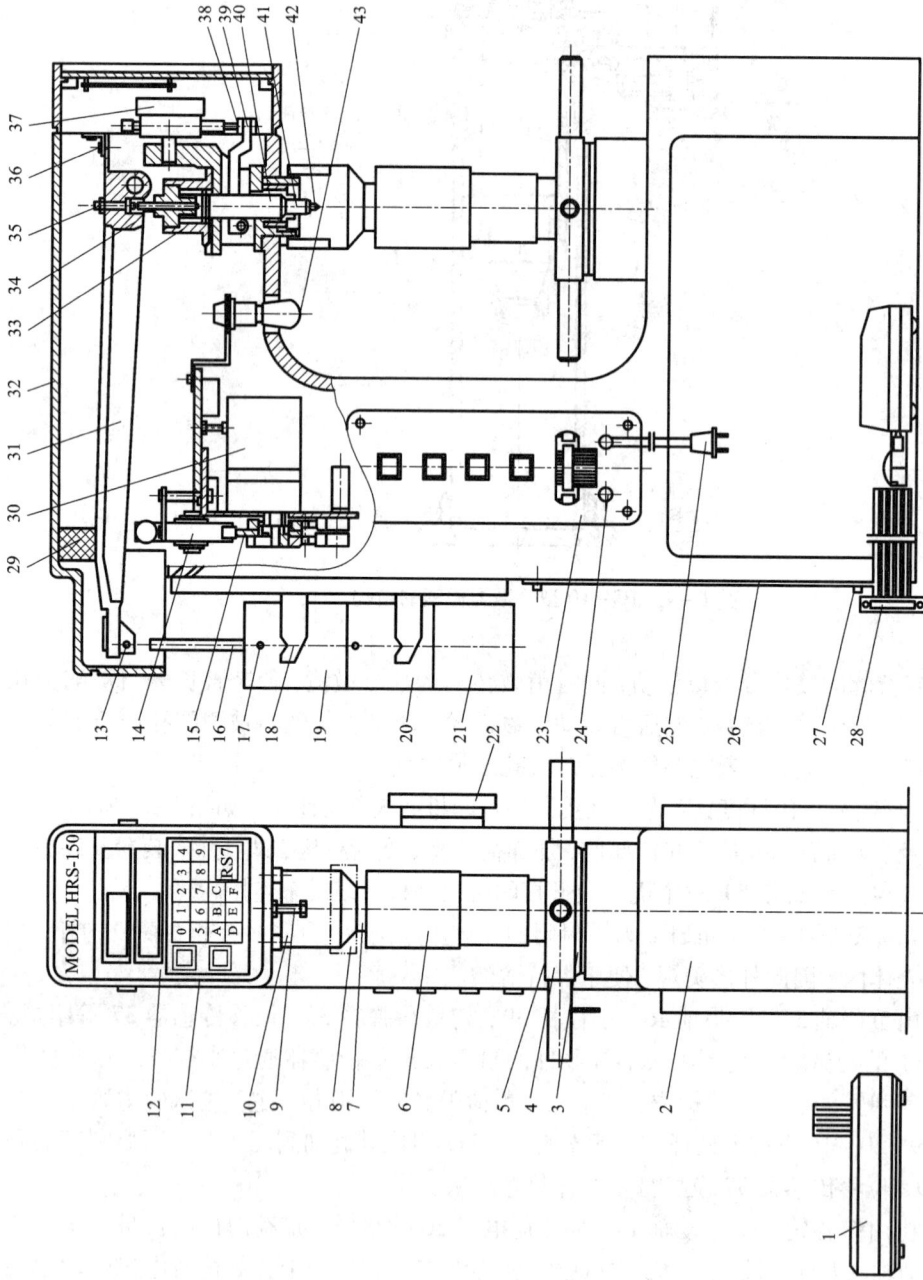

图 1-5 HRS-150 型数显硬度计结构简图

1—打印机；2—机身；3—电磁制动器；4—升降手轮；5—油杯；6—丝杠保护套；7—丝杠；8—水平试台；9—螺钉；10—丝杠垫块；11—前盖；12—薄膜面板；13—吊轴；14—推动轴；15—偏心轮；16—吊杆；17—砝码销；18—托叉；19~21—砝码；22—变荷手柄；23—侧面板；24—保险丝盒；25—电源插头盖；26—后盖；27—接地螺钉；28—打印机插头座；29—杠杆垫块；30—加荷电机；31—大杠杆；32—上盖；33—初负荷弹簧；34—负荷轴；35—负荷螺钉；36—螺钉；37—位移传感器；38—垫片；39—小杠杆；40—压头；41—防松销；42—防松销；43—指示灯

　　试台升降装置由试台8、丝杠7、升降手轮4、电磁制动器3等组成。试验时，转动升降手轮，通过丝杠带动试台及试样达到上升或下降的目的。

　　主机的前面板上设有两个按键、一个键盘和两个显示窗口，用来实现预置、标尺转换、复位等功能，面板上的四位数码管用于显示预置输入情况及硬度试验时的工作状态，面板上的五位数码管用于显示洛氏硬度值、打印机用于打印有关的预置信息、硬度值及数据处理结果。

　　在主机侧面板上设有四个按键和一个接口，包括电源、打印、自动半自动转换、手动加荷和一个外接打印机接口，用来实现测力、打印等有关功能。

　　七个按键的功能是：

　　POWER 键——电源开关键。按下为开，同时灯泡点亮，抬起为关，同时灯泡熄灭。

　　PRINT 键——打印机开关键。按下为开，同时灯泡点亮，抬起为关，同时灯泡熄灭。当它被按下时打印机上的红色指示灯亮。

　　SET 键——预置键。按下此键再按复位键电气系统进入预置状态，抬起时电气系统进入工作状态，可进行硬度试验及测力等。

　　AUTO/MAN 键——"自动/手动"选择键。抬起时为"自动"，用于硬度试验，按下时为"手动"用于试验力的测定(详见后述)。

　　LOAD 键——手动加荷键。它与"手动"功能配合使用，用于测力。当硬度计处于"手动"状态且将压头主轴顶起到规定位置时，按一下该键，硬度计自动完成一次加荷—保荷—卸荷工作。

　　AC/B 键——硬度标尺选择键。抬起时为 A 或 C 标尺，按下时为 B 标尺。

　　RST 键——复位键。用于计算机系统的复位，按下它，硬度值显示板显示 100.0，同时电控箱中原来用键盘预置的数据全部清零。

　　控制键盘的功能是：

　　A 键——①用于预置试验日期；②在前面板的显示板上出现"HC—"后可用于预置 A、C 标尺和 B 标尺，此时若按 A 或 C 则为 A 或 C 标尺，按 B 则为 B 标尺，不按默认 C 标尺。

　　B 键——①用于预置零件批号。②在前面板显示窗上出现"H C—"后也可用于预置 B 标尺。

　　C 键——①用于预置每个零件的有效打印点数。②在前面板的显示窗上出现"H C—"后也可用于预置 C 标尺。

　　D 键——用于预置试验力保持时间。

　　E 键——用于预置硬度上限。

　　F 键——用于预置硬度下限。

　　0~9 键——用于预置数字。

四、实验内容及操作步骤

　　1. 了解硬度计的构造、原理、使用方法、操作规程和安全注意事项。

　　2. 根据被测材料的种类、热处理状态等选择适宜的硬度标尺。

　　3. 按照仪器设备的操作规程分别进行布氏硬度和洛氏硬度测定。

五、注意事项

1. 试样两端要平行，表面应平整，若有油污或氧化皮，可用砂纸打磨，以免影响测量。
2. 圆柱形试样应放在带有"V"形槽的工作台上操作，以防试样滚动。
3. 加载时应细心操作，以免损坏压头。
4. 加预载荷(10 kgf)时若发现阻力太大，应停止加载，立即报告，检查原因。
5. 测定硬度值，卸掉载荷后，必须使压头完全离开试样后再取下试样。
6. 金刚石压头系贵重物件，质硬而脆，使用时要小心谨慎，严禁与试样或其他物件碰撞。
7. 应根据硬度试验机试样范围，按规定合理使用不同的载荷和压头，超过使用范围将不能获得准确的硬度值。

六、实验记录

表1-3　布氏硬度测定数据记录表

材料名称	试验规范				实验结果			硬度值 /HBS
					压痕直径 d/mm			
	球体直径 D/mm	试验力 F/kgf	F/D^2	试验力保持时间/s	第一次	第二次	平均值	

表1-4　洛氏硬度测定数据记录表

试验规范			测定结果				换算成布氏硬度值/HBS
硬度标尺	压头类型	载荷/kgf	第一次	第二次	第三次	平均值	

七、实验报告内容及要求

1. 将实验数据填入表格内，并对实验数据进行处理。
2. 采用正确的标注方法表示实验结果，并比较所测材料的硬度大小。
3. 分析说明布氏硬度和洛氏硬度的优缺点及其选用的基本原则。

8

实验二　铁碳合金的平衡组织观察与分析

一、实验目的

1. 了解常用台式金相显微镜的主要构造与使用方法，初步掌握利用金相显微镜进行显微组织分析的基本方法。

2. 观察和识别常见铁碳合金（碳钢和白口铸铁）在平衡状态下的显微组织特征。

3. 分析碳含量对铁碳合金平衡组织的影响，加深理解铁碳合金的成分、组织与性能之间的相互关系。

二、实验概述

研究金属组织的光学显微镜称为金相显微镜，它是由许多光学元件按一定要求组合而成的精密光学仪器。在本实验中通过讲解和实际操作使学生了解常用台式金相显微镜的基本原理、结构、使用和维护方法等。

利用金相显微镜观察金属的内部组织和缺陷的方法称为显微分析或金相分析，在金相显微镜下所看到的组织称为显微组织，合金在极其缓慢的冷却条件（如退火状态）下所得到的组织称为平衡组织。铁碳合金的平衡组织可以根据 $Fe - Fe_3C$ 相图来进行分析。

所有的碳钢和白口铸铁在室温时的组织均由铁素体和渗碳体两相组成，但由于合金中的含碳量不同，铁素体和渗碳体的数量、形状、大小及分布状况也不相同，随着碳含量的增加，渗碳体量不断增加，铁素体量不断减少，而且渗碳体的形态和分布情况也发生变化，所以，不同成分的铁碳合金室温下具有不同的组织和性能。钢的组织以铁素体为基体，渗碳体为强化相，而且主要以珠光体的形式出现，使钢的强度和硬度提高，故钢中珠光体量愈多，其强度、硬度愈高，而塑性、韧性相应降低。但过共析钢中当渗碳体明显地以网状分布在晶界上，特别在白口铁中渗碳体成为基体或以板条状分布在莱氏体基体上，将使铁碳合金的塑性和韧性大大下降，以致合金的强度也随之降低，这就是高碳钢和白口铁脆性高的主要原因。

钢的力学性能随含碳量变化的规律如图 2 - 1 所示。

当钢中碳含量小于 0.9% 时，随碳含量的增加，钢的强度、硬度直线上升，而塑性、韧性不断下降；当钢中碳含量大于 0.9% 时，因网状渗碳体的存在，不仅使钢的塑性、韧性进一步降低，而且强度也明显下降。为了保证工业上使用的钢具有足够的强度，并具有一定的塑性和韧性，钢中碳的质量分数一般都不超过 1.4%。至于碳含量大于 2.11% 的白口铁，由于组织中出现大量的渗碳体，使性能硬而脆，难以切削加工，因此在一般机械制造中应用很少。

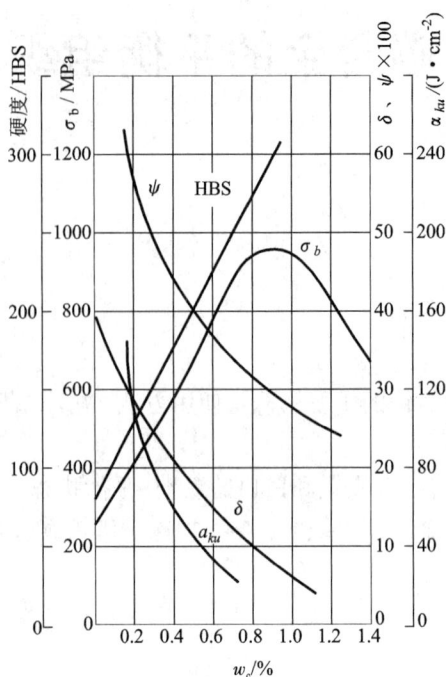

图 2 - 1　碳含量对碳钢力学性能的影响

1. 室温下铁碳合金中的基本相和基本组织

（1）铁素体（F）

铁素体是碳溶于 α - Fe 中形成的间隙固溶体。经 3% ~5% 的硝酸酒精溶液浸蚀后，在显微镜下为白亮色多边形晶粒。在亚共析钢中，铁素体呈块状分布；当碳含量接近于共析成分时，铁素体则呈断续的网状分布于珠光体周围。

（2）渗碳体（Fe_3C）

渗碳体是铁与碳形成的一种金属化合物。经 3% ~5% 的硝酸酒精溶液浸蚀后，渗碳体呈亮白色；若用苦味酸钠溶液浸蚀，则渗碳体呈黑色，而铁素体仍为白色，由此可以区别铁素体与渗碳体。由于铁碳合金中的成分和形成条件不同，渗碳体可以呈现不同的形状：一次渗碳体是由液相中直接析出，可以自由长大，呈粗大的片状；二次渗碳体是从奥氏体中析出的，呈网状分布。

（3）珠光体（P）

珠光体是铁素体和渗碳体的多相混合物。在平衡状态下，它是由铁素体和渗碳体相间排列的层片状组织。经 3% ~5% 硝酸酒精溶液浸蚀后，铁素体和渗碳体皆呈亮白色，但其边界被浸蚀而成黑色线条。在不同的放大倍数下观察时，组织特征则有所区别。在高倍（600 × 以上）下观察时，珠光体中平行相间的宽条铁素体和细条渗碳体都呈亮白色，而其边界呈黑色；在中倍（400 × 左右）下观察时，白亮色的渗碳体被黑色边界所"吞食"，而成为细黑条，这时看到珠光体是宽白条铁素体和细黑条渗碳体的相间混合物；在低倍（200 × 以下）下观察时，连宽白条的铁素体和细黑条的渗碳体也很难分辨，这时珠光体为黑色块状组织。

（4）变态莱氏体（Ld′）

变态莱氏体是珠光体和渗碳体所组成的多相混合物。经 3% ~5% 硝酸酒精溶液浸蚀后，变态莱氏体的组织特征是，在白亮色的渗碳体基体上间相分布着黑色点（块）状或条状珠光体。

2. 室温下铁碳合金的平衡组织

（1）工业纯铁

工业纯铁中碳的质量分数小于 0.0218%，其组织为单相铁素体，呈白亮色的多边形晶粒，晶界呈黑色的网络，晶界上有时分布着微量的三次渗碳体（Fe_3C_{III}）。工业纯铁的显微组织如图 2 - 2 所示。

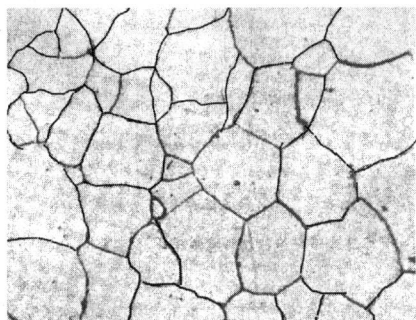

材料名称：工业纯铁

处理方法：退火

浸蚀剂：4% 硝酸酒精溶液

放大倍数：500 ×

显微组织：全部为 F

图 2 - 2　工业纯铁的显微组织

（2）亚共析钢

亚共析钢中碳的质量分数为 0.0218% ~0.77%，其组织为铁素体和珠光体。随着钢中含碳量的增加，珠光体的相对量逐渐增加，而铁素体的相对量逐渐减少。20 钢、45 钢、60 钢的显微组织如图 2 - 3 所示。

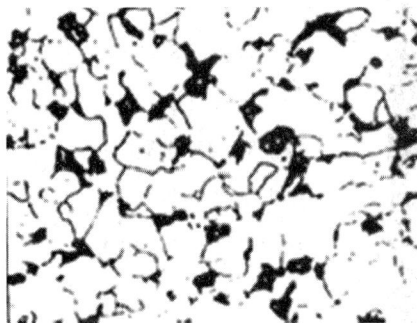

材料名称：20钢

处理方法：退火

浸蚀剂：4%硝酸酒精溶液

放大倍数：200×

显微组织：F（白块）＋P（黑块）

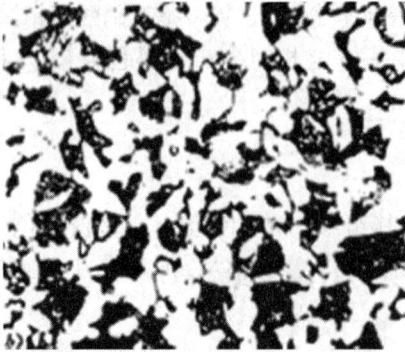

材料名称: 45钢

处理方法: 退火

浸蚀剂: 4%硝酸酒精溶液

放大倍数: 200×

显微组织: F（白块）+P（黑块）

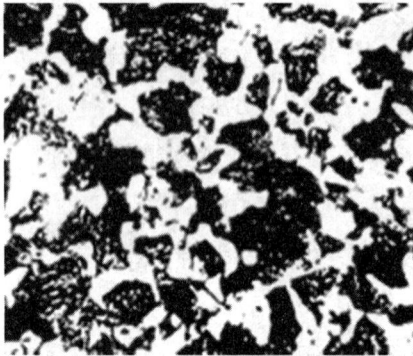

材料名称: 60钢

处理方法: 退火

浸蚀剂: 4%硝酸酒精溶液

放大倍数: 200×

显微组织: F（白块）+P（黑块）

图2-3　亚共析钢的显微组织

（3）共析钢

共析钢中碳的质量分数为0.77%，其室温组织为单一的珠光体。共析钢（T8钢）的显微组织如图2-4所示。

材料名称: T8钢

处理方法: 退火

浸蚀剂: 4%硝酸酒精溶液

放大倍数: 500×

显微组织: P(层片状)

图2-4　T8钢的显微组织

（4）过共析钢

过共析钢中碳的质量分数为0.77%～2.11%，在室温下的平衡组织为珠光体和二次渗碳体。其中,二次渗碳体呈网状分布在珠光体的边界上。T12钢的显微组织如图2-5所示。

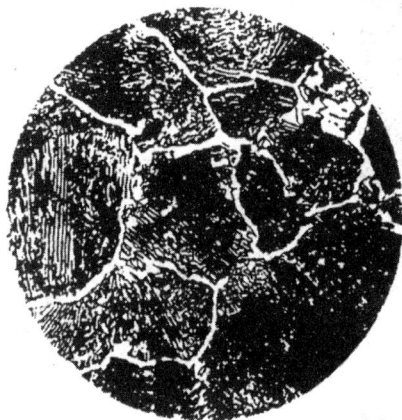

材料名称:T12钢

处理方法:退火

浸蚀剂:4%硝酸酒精溶液

放大倍数:400×

显微组织:P(层片状)+Fe₃C_Ⅱ(网状)

图2-5 T12钢的显微组织

(5)亚共晶白口铸铁

亚共晶白口铸铁中碳的质量分数为2.11%~4.3%,室温下的显微组织为珠光体、二次渗碳体和变态莱氏体。其中,变态莱氏体为基体,在基体上呈较大的黑色块状或树枝状分布的为珠光体,在珠光体枝晶边缘有一层白色组织为二次渗碳体。亚共晶白口铸铁的组织如图2-6所示。

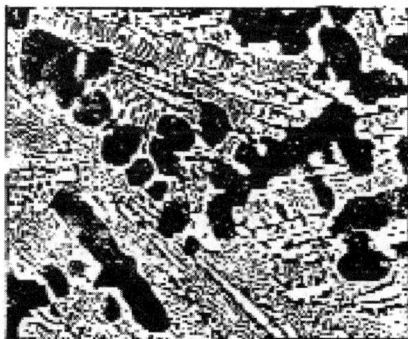

材料名称:亚共晶白口铸铁

处理方法:铸态

浸蚀剂:4%硝酸酒精溶液

放大倍数:400×

显微组织:$P + Fe_3C_{Ⅱ} + Ld'$

图2-6 亚共晶白口铸铁的显微组织

(6)共晶白口铸铁

共晶白口铸铁中碳的质量分数为4.3%,其室温下的显微组织为变态莱氏体,其中,渗碳体为白亮色基体,而珠光体呈黑色细条及斑点状分布在基体上。共晶白口铸铁的显微组织如图2-7所示。

(7)过共晶白口铸铁

过共晶白口铸铁中碳的质量分数为4.3%~6.69%,室温下的显微组织为变态莱氏体和一次渗碳体。一次渗碳体呈白亮色条状分布在变态莱氏体的基体上。过共晶白口铸铁的显微组织如图 2 - 8 所示。

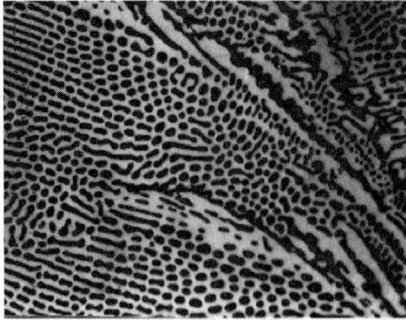

材料名称：共晶白口铸铁

处理方法：铸态

浸蚀剂：4% 硝酸酒精溶液

放大倍数：400 ×

显微组织：Ld'

图 2 - 7　共晶白口铸铁的显微组织

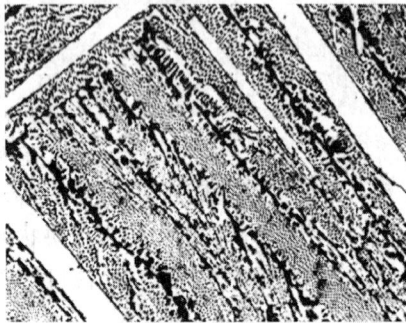

材料名称：过共晶白口铸铁

处理方法：铸态

浸蚀剂：4% 硝酸酒精溶液

放大倍数：200 ×

显微组织：Fe_3C_1（白色宽长条）+ Ld'

图 2 - 8　过共晶白口铸铁的显微组织

三、实验仪器设备及器材

1. 金相显微镜
2. 实验观察用的各种铁碳合金的显微样品如表 2 - 1 所列。

表 2 - 1　实验用各种铁碳合金的显微样品

编　号	材料名称	处理方法	显微组织	浸蚀剂
1	工业纯铁	退火	F	4% 硝酸酒精溶液
2	20 钢	退火	F + P	4% 硝酸酒精溶液
3	45 钢	退火	F + P	4% 硝酸酒精溶液
4	60 钢	退火	F + P	4% 硝酸酒精溶液
5	T8 钢	退火	P	4% 硝酸酒精溶液
6	T12 钢	退火	$P + Fe_3C_{II}$	4% 硝酸酒精溶液
7	亚共晶白口铁	铸态	$P + Fe_3C + Ld'$	4% 硝酸酒精溶液
8	共晶白口铁	铸态	Ld'	4% 硝酸酒精溶液
9	过共晶白口铁	铸态	$Ld' + Fe_3C_1$	4% 硝酸酒精溶液

3. 金相照片

表 2 – 1 中所列铁碳合金样品的显微组织放大照片一套。

金相显微镜：金相显微镜的型式很多，最常见的有台式、立式、卧式三大类，一般由光学系统、照明系统和机械系统三部分组成，有的还附有摄影装置。常用于鉴别和分析各种金属与合金的组织结构，可广泛应用于工厂或实验室进行铸件质量的鉴定、原材料的检验或对材料处理后金相组织的研究分析等工作。4X 型金相显微镜的外形结构如图 2 – 9 所示。

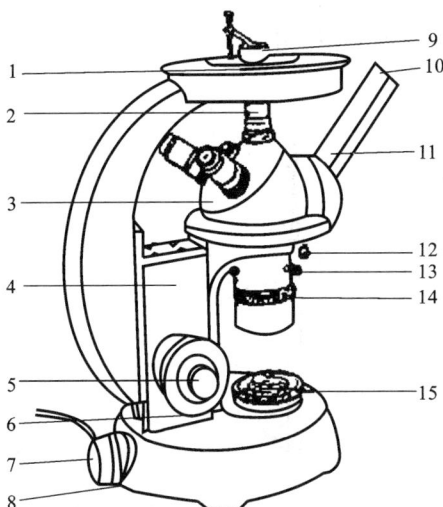

图 2 – 9　4X 型金相显微镜的外形结构图

1—载物台；2—物镜；3—转换器；4—传动箱；5—微动调焦手轮；6—粗动调焦手轮；7—光源；8—偏心圈；9—样品；10—目镜；11—目镜管；12—固定螺钉；13—调节螺钉；14—视场光栏；15—孔径光栏

4X 型金相显微镜属于小型台式显微镜，其整个镜体平稳地安装在圆盘形的底座上。圆盘中空，内有低压钨丝灯作光源，利用灯座的偏心圈将灯泡紧固。灯前有聚光镜组、反光镜和孔径光栏，三者成一组件，安装在支架上。在显微镜体的两侧有粗动和微动调焦手轮，两者在同一部位。转动粗调手轮能使载物台迅速上升或下降，达到粗略调焦的目的；转动微调手轮可使物镜作缓慢的升降移动，达到精确调焦的目的。在粗调手轮的一侧有制动装置，用以固定调焦正确后载物台的位置。载物台是用来放置金相样品的，它和下面的托盘之间有导架，用手推动可改变试样的观察部位。物镜安装在物镜转换器上。转换器上可同时安装三个不同放大倍数的物镜，通过转换器的转动可使各物镜进入光路，和目镜配合改变显微镜的放大倍数。孔径光栏用以调节入射光束的粗细，以保证物像达到清晰的程度。视场光栏用以调节视场区域的大小。

4X 型金相显微镜的放大倍数如表 2 – 2 所列。

表 2 - 2 4X 型金相显微镜的放大倍数

物镜＼目镜	5 ×	10 ×	12.5 ×
10 ×	50 ×	100 ×	125 ×
40 ×	200 ×	400 ×	500 ×
100 ×	500 ×	1000 ×	1250 ×

4X 型台式金相显微镜的光学系统如图 2 - 10 所示。

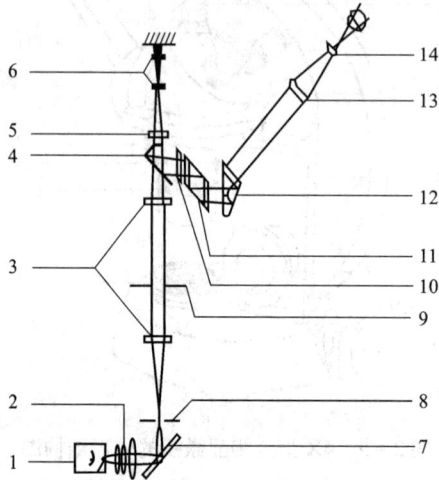

图 2 - 10 4X 型金相显微镜的光学系统

1—灯泡；2—聚光镜组；3—聚光镜组；4—半反射镜；5—辅助透镜；
6—物镜组；7—反光镜；8—孔径光栏；9—视场光栏；10—辅助透镜；
11—棱镜；12—棱镜；13—场镜；14—接目镜

由灯泡 1 发出的光线经聚光透镜组 2 及反光镜 7 聚集到孔径光栏 8，再经过聚光镜 3 聚集到物镜后焦面，最后通过物镜平行照射到试样的表面上。从试样反射回来的光线复经物镜组 6 和辅助透镜 5，由半反射镜 4 转向，经过辅助透镜 10 以及棱镜 11、12 造成一个被观察物体的倒立的放大实像，该像再经过目镜 14 的放大，就成为在目镜视场中能看到的放大虚像。

四、实验内容及操作步骤

1. 了解金相显微镜的基本结构、工作原理及操作使用。

2. 在显微镜下认真观察表 2 - 1 中所列样品的显微组织，识别各种显微组织特征，并观察分析碳含量对组织的影响。

3. 在金相显微镜下选择各试样显微组织的典型区域，根据组织特征描绘出其显微组织示意图，并记录所观察的各试样名称、显微组织、浸蚀剂、放大倍数及组织特征，并用引线标出各显微组织示意图中组织组成物的名称。

4. 估算所观察的各亚共析碳钢显微组织中各组织组成物的相对量，并利用所学的杠杆原

16

理加以验证。

五、实验注意事项

1. 在观察显微组织时，可先用低倍进行全面地观察，找出典型组织，然后再用高倍放大，对部分区域进行详细观察。

2. 在移动金相试样时，不得用手指触摸试样表面或将试样表面在载物台上滑动，以免引起显微组织模糊不清，影响观察效果。

3. 画组织示意图时，应抓住组织形态的特点，画出典型区域的组织。注意不要将磨痕或杂质画在图上。

六、实验记录

材料名称_____

金相组织_____

处理方法_____

放大倍数_____

浸　蚀　剂_____

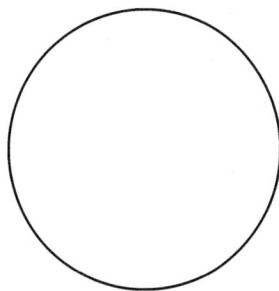

材料名称_____

金相组织_____

处理方法_____

放大倍数_____

浸　蚀　剂_____

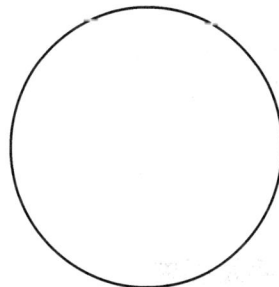

材料名称_____

金相组织_____

处理方法_____

放大倍数_____

浸　蚀　剂_____

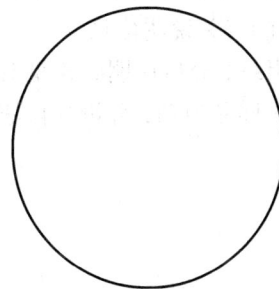

材料名称_____

金相组织_____

处理方法_____

放大倍数_____

浸 蚀 剂_____

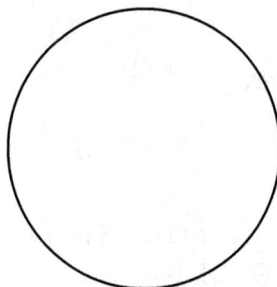

材料名称_____

金相组织_____

处理方法_____

放大倍数_____

浸 蚀 剂_____

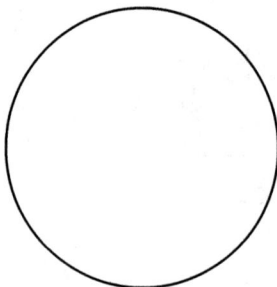

材料名称_____

金相组织_____

处理方法_____

放大倍数_____

浸 蚀 剂_____

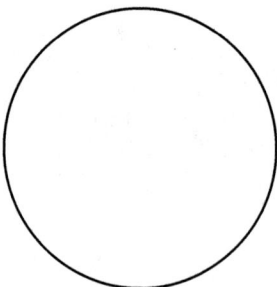

七、实验报告内容及要求

1. 用铅笔画出铁碳合金样品的显微组织示意图，用引线和符号标出其组织组成物的名称，并填写出显微组织的有关说明信息。

2. 根据所观察的组织，分析说明碳含量对铁碳合金平衡组织和性能的影响规律。

3. 以所观察的某一样品为例，分析其自液态开始的结晶过程。

实验三　碳钢的热处理工艺及其对性能的影响

一、实验目的

1. 熟悉碳钢的普通热处理工艺方法。
2. 研究碳含量、冷却速度及回火温度对碳钢热处理后性能(硬度)的影响。
3. 了解有关热处理设备和硬度测试设备的原理、构造及使用方法。

二、实验概述

钢的热处理就是通过加热、保温和冷却改变其内部组织,从而获得所要求的物理、化学、力学和工艺性能的一种操作方法。一般热处理的基本操作有退火、正火、淬火及回火等。

热处理操作中,加热温度、保温时间和冷却方法是最重要的三个基本工艺因素,正确选择其热处理工艺规范,是保证工件获得合格性能的关键。

1. 加热温度的确定

碳钢普通热处理的加热温度可参照表 3 – 1 进行选定。常用碳钢的临界点如表 3 – 2 所列。

表 3 – 1　碳钢普通热处理的加热温度

热处理方法		加热温度/℃	应 用 范 围
退火		$Ac_3 + (20 \sim 60)$	亚共析钢完全退火
		$Ac_1 + (20 \sim 40)$	共析钢和过共析钢球化退火
正火		$Ac_3 + (30 \sim 50)$	亚共析钢
		$Ac_{cm} + (30 \sim 50)$	过共析钢
淬火		$Ac_3 + (30 \sim 100)$	亚共析钢
		$Ac_1 + (30 \sim 70)$	共析钢和过共析钢
回火	低温	150 ~ 250	切削刃具、量具、冷冲模具、高硬度零件等
	中温	350 ~ 500	弹簧、中等硬度的零件等
	高温	500 ~ 650	齿轮、轴、连杆等要求综合力学性能好的零件

表 3 - 2　常用碳钢的临界点

钢号	临　界　点 /℃		
	Ac_1	Ac_3	Ac_{cm}
20	735	855	
45	724	780	
T8	730		
T12	730		820

热处理加热温度不能过高，否则会使工件的晶粒粗大，氧化和脱碳现象严重，变形和开裂倾向增加。但加热温度过低，也达不到要求的效果。

2. 保温时间的确定

在实验室进行热处理实验，一般采用各种电炉加热试样。当炉温升到规定温度时，即打开炉门装入试样，从炉温恢复到正常时开始计时。

热处理加热时间必须考虑许多因素，例如工件的尺寸和形状、使用的设备和装炉量、装炉的温度、钢的成分和原始组织、热处理要求和目的等，具体时间可参考有关手册中的数据。

实际生产中可以根据经验估算加热时间。一般规定，在空气介质中升到规定温度后的保温时间：碳钢——按工件厚度 1 ~ 1.5 min/mm 估算；合金钢——按工件厚度 2 min/mm 估算。在盐炉中加热，保温时间可缩短一半以上。回火处理保温时间为加热阶段保温时间的 2 ~ 3 倍。

3. 冷却速度的选择

热处理的冷却方法要适当，才能获得所要求的组织和性能。

退火一般采用随炉冷却；正火采用空气冷却。

淬火时的冷却方法相当重要。一方面应超过临界冷却速度，以保证得到马氏体组织；另一方面冷却速度也不能太快，以减小内应力，避免变形和开裂。

为解决上述矛盾，可以采用适当的冷却剂和冷却方法。淬火工件在奥氏体最不稳定的温度范围内(650 ~ 550℃)要超过临界冷却速度，但在更低温度(300 ~ 100℃)时的冷却速度则尽可能缓慢。

符合上述原则的淬火方法有双液淬火和分级淬火等。

三、实验设备及材料

1. 设备：电阻加热炉及控温仪表；HRS - 150 型数显洛氏硬度计
2. 材料：退火态 20 钢 ϕ10 mm × 15 mm

　　　　退火态 45 钢 ϕ12mm × 15mm

　　　　退火态 T12 钢 ϕ20mm × 15mm

3. 实验用其他用品：淬火用水槽和油槽；夹钳、砂纸等用品

箱式电阻炉：箱式电阻炉又称马弗炉，它是一种周期作业式加热炉，可供实验室淬火、回火、正火、退火等热处理加热用。箱式电阻炉的构造示意图如图 3 - 1 所示。

用高强度耐火材料制成的加热室 1，其壁中排列着许多纵向电热丝孔 2，电热丝多用铁铬

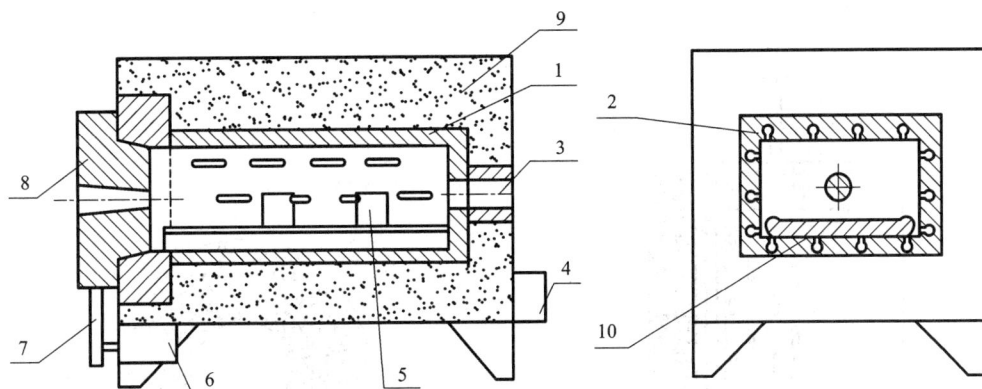

图 3-1 箱式电阻炉结构示意图

1—加热室；2—电热丝孔；3—测温孔；4—接线盒；5—试样；
6—控制开关；7—挡铁；8—炉门；9—隔热层；10—炉底板

铝合金丝制成螺旋形(图 3-1 中未画出)。当电源通过接线盒 4 使电热丝中通有电流时，便产生电热效应，所发出的热量即可加热炉内的试样 5。为了避免取放试样时碰坏或磨损加热室底部耐火材料，在加热室底部放置一块高强度耐火材料制成的炉底板 10。加热室的开口处用炉门 8 封闭。炉门上有一小孔，供观察炉内温度和试样加热情况用。炉门下部有一挡铁 7，当炉门关闭时，挡铁掀动控制开关 6，使加热室内的电热丝中有电流通过；当炉门打开时，控制开关切断了电源控制电路，此时即便闭合电源开关，电炉中的电热丝也不会有电流通过，从而保证了操作时的安全。隔热层 9 是用隔热材料充填的，其作用是减少炉内热量的散失。在加热室后壁开有一圆孔 3，供插入测温热电偶用。整个炉体用钢板包裹，并由支架支撑着。

坩埚电阻炉：坩埚电阻炉也是一种周期作业式加热炉。坩埚电阻炉的构造示意图如图 3-2 所示。

上端开口的圆筒形加热室 1 直立放置在炉子的中部，沿着加热室的侧壁中间有许多电热丝孔 3，依靠电流通过电热丝时产生的电热效应，使炉内试样受热升温。加热室上部有一圆形耐火材料制炉盖 8，握住手把 7 可以开启或关闭加热室口，圆形炉盖上的通孔 6 供插入测温热电偶用。加热室与炉壳之间充填隔热材料 5，以减少炉内的热量损失，加热室下部中心有一通孔 4，当加热室内坩埚因质量不好或操作不当而破裂时，坩埚内的熔融金属可以从此通孔流出炉外，而不致从加热室窄缝处灌入电热丝孔，以防止电热丝因短路而烧坏。当坩埚炉用作热处理加热时，可用耐火砖盖住此孔。整个炉体用钢板包裹，并用支架支撑。

控温仪表：箱式电阻炉和坩埚电阻炉用于热处理加热时，其炉温大都是利用热电偶高温计或温度指示调节仪进行测量和控制的。热电偶高温计由三部分组成：热电偶、温度指示仪和连接导线，它们之间的线路关系如图 3-3 所示。

热电偶由两根金属丝组成。测量 1000℃ 以下的炉温时，这两根金属丝分别用镍铬合金和镍铝合金组成。热电偶的一端焊接在一起，另一端在热电偶的接线柱上。连接导线把热电偶的两个端点与温度指示仪的接线柱连接起来。当热电偶的焊接端(也称热端)受热时，由于另一端(也称冷端)的温度没有变化，于是在冷端的两个接点之间就产生热电势(或称温差电势)。热端与冷端之间的温度差愈大，热电势也就愈大。温度指示仪实际上是一个比较精密

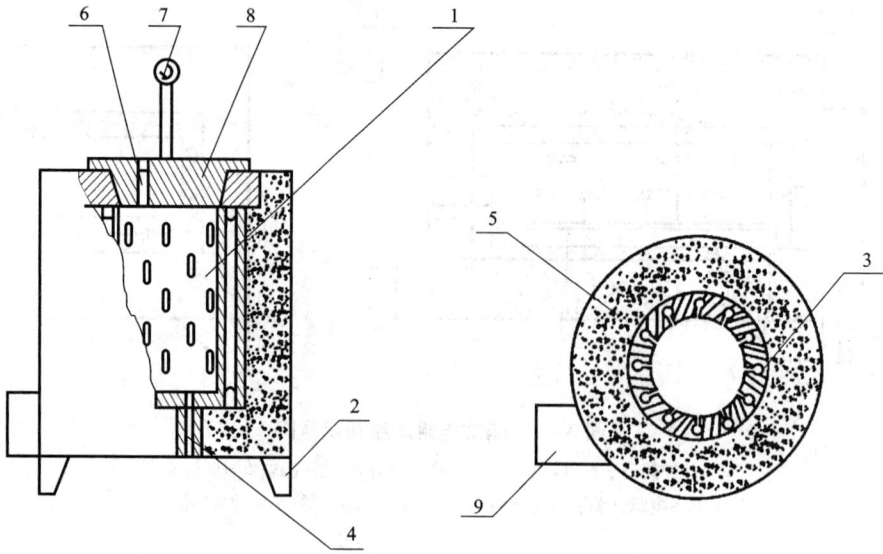

图 3-2 坩埚电阻炉结构示意图

1—加热室；2—支脚；3—电热丝孔；4—直孔；5—隔热层；

6—测温孔；7—手把；8—炉盖；9—接线盒

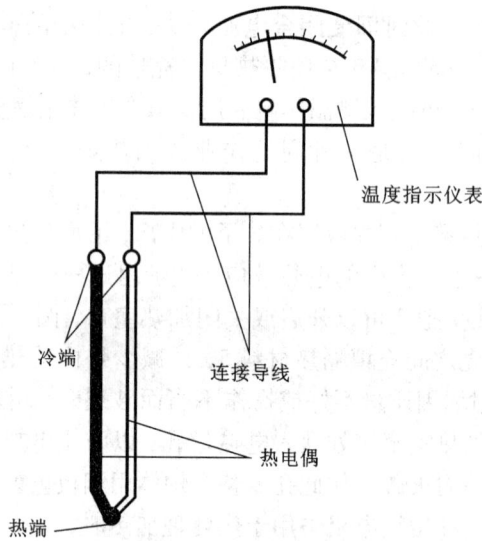

图 3-3 热电偶高温计的线路示意图

的毫伏计，在热电势的作用下，毫伏计的指针发生偏转。由于热电势与热端温度有一定的函数关系，所以温度指示仪的表盘上通常直接标出热端的温度值。

热电偶高温计结构简单，使用方便。但是它只能起到指示炉温的作用，加热炉的温度还须人工控制。温度指示调节仪除了能指示炉温外，还能根据需要自动控制炉温。XCT－101

型温度指示调节仪的测温控温原理图如图 3 – 4 所示。

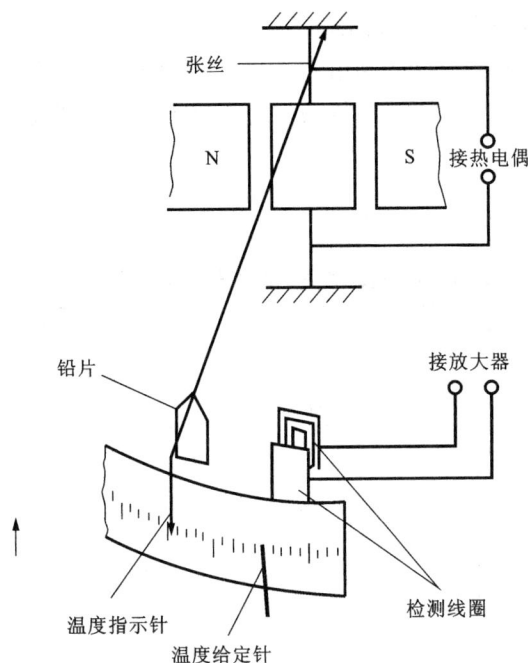

图 3 – 4　温度指示调节仪的工作原理图

（图中标注：张丝、N、S、接热电偶、铅片、接放大器、温度指示针、温度给定针、检测线圈）

　　由热电偶传来的热电势，使磁电式测量机构（即毫伏计）上的温度指示针偏转至一定位置。此时，温度指示针下的读数就是热电势的毫伏值，炉温愈高，热电势的毫伏值愈高，指示针的偏转角度就愈大。

　　温度指示调节仪的调节控制部分主要由温度给定针、检测线圈和控制继电器等部分组成。当加热电炉工作时，根据对炉温的要求，通过转动旋钮使温度给定针处于一定位置。当炉温升高，温度指示针偏转到与温度给定针重合时，安装在温度指示针上的铝片也同时进入检测线圈的间隙中间。由于铝片隔断了检测线圈之间的磁耦合，使测温仪表内的振荡回路的电参数改变，这一信息通过放大器使控制继电器动作，切断电炉的电源，炉温就不会继续升高。当炉温下降时，温度指示针向低温刻度方向偏转，于是铝片就离开检测线圈，振荡回路的电参数又恢复到原来数值，控制继电器失去动作，电炉又接通电源，炉温复又升高，达到自动控温的目的。

四、实验内容及操作步骤

1. 设计碳钢的热处理工艺，选择合适的热处理设备进行具体的热处理操作。
2. 选择合适的硬度设备及硬度标尺测定各试样热处理后的硬度。
3. 分析碳含量、冷却速度、回火温度对碳钢热处理后硬度的影响。
4. 实验完毕后整理好实验仪器设备。

五、实验注意事项

1. 试样装炉时应尽可能靠近热电偶端点附近，以保证测温的准确性。
2. 开启炉门进行操作时，必须先断电；炉门打开时间不宜过长，以免引起炉膛开裂。
3. 测定硬度前，必须要用砂纸将试样表面的氧化皮除去并磨光。

六、实验记录

表 3 - 3   碳钢的热处理工艺及硬度测试记录

材料	热处理工艺			洛氏硬度值(HRB 或 HRC)				
	加热温度 /℃	冷却方式	回火温度 /℃	硬度标尺	第一次	第二次	第三次	平均值
20	920	空冷						
		油冷						
		水冷						
		水冷	200					
		水冷	400					
		水冷	600					
45	850	空冷						
		油冷						
		水冷						
		水冷	200					
		水冷	400					
		水冷	600					
T12	780	空冷						
		油冷						
		水冷						
		水冷	200					
		水冷	400					
		水冷	600					

七、实验报告内容及要求

1. 记录各试样热处理后的硬度数据，分析其性能变化的原因。
2. 分析碳含量、冷却速度、回火温度对碳钢硬度的影响，根据实验数据，画出它们同硬度的关系曲线，说明影响规律。

实验四　钢的非平衡组织特征与性能分析

一、实验目的

1. 观察常用钢经不同热处理后的显微组织。
2. 掌握热处理工艺对钢组织和性能的影响。
3. 熟悉常用钢典型热处理组织的形态及特征。

二、实验内容概述

碳钢经退火、正火可得到平衡或接近平衡组织，经淬火、回火得到的是非平衡组织。共析钢过冷奥氏体在不同温度等温转变的组织及性能如表 4 − 1 所示。

表 4 − 1　共析钢过冷奥氏体等温转变产物的组织及性能

转变类型	组织名称	形成温度范围/℃	显微组织特征	硬度（HRC）
珠光体型相变	珠光体（P）	>650	在 400～500 倍金相显微镜下可以观察到铁素体和渗碳体的片层状组织	~20
	索氏体（S）	600～650	在 800～1000 倍以上的显微镜下才能分清片层状特征，在低倍下片层模糊不清	25～35
	托氏体（T）	550～600	用光学显微镜面容时呈黑色团状组织，只有在电子显微镜（5000～15000 倍）下才能看出片层状	35～40
贝氏体型相变	上贝氏体（B上）	350～550	在金相显微镜下呈暗灰色的羽毛状特征（图 4 − 4 所示）	40～48
	下贝氏体（B下）	230～350	在金相显微镜下呈黑色针叶状特征（图 4 − 5 所示）	48～58
马氏体型相变	马氏体（M）	<230	在正常淬火温度下呈细针状马氏体（隐晶马氏体），过热淬火时则呈粗大片状马氏体	60～65

各典型组织的显微特征：

1. 珠光体（P）

珠光体是铁素体与渗碳体的机械混合物，形成温度为 $A_1 − 650℃$，片层较厚，500 倍光学显微镜下可辨，用符号 P 表示，如图 4 − 1 所示。

25

2. 索氏体(S)

索氏体是铁素体与渗碳体的机械混合物。其片层比珠光体更细密,在高倍(700倍以上)显微放大时才能分辨,如图4-2所示。

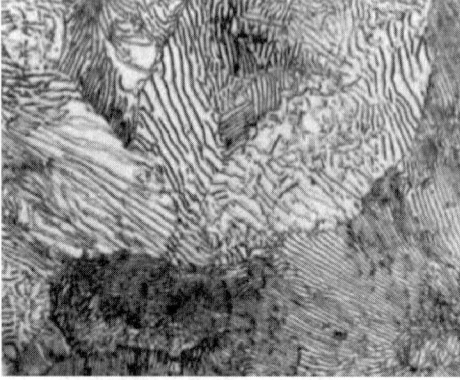

图4-1 珠光体的显微组织

图4-2 索氏体的显微组织

3. 托氏体(T)

托氏体是铁素体与渗碳体的机械混合物,片层比索氏体还细密,在一般光学显微镜下也无法分辨,只能看到如墨菊状的黑色形态。当其少量析出时,沿晶界分布,呈黑色网状,包围着马氏体;当析出量较多时,呈大块黑色团状,只有在电子显微镜下才能分辨其中的片层,如图4-3所示。

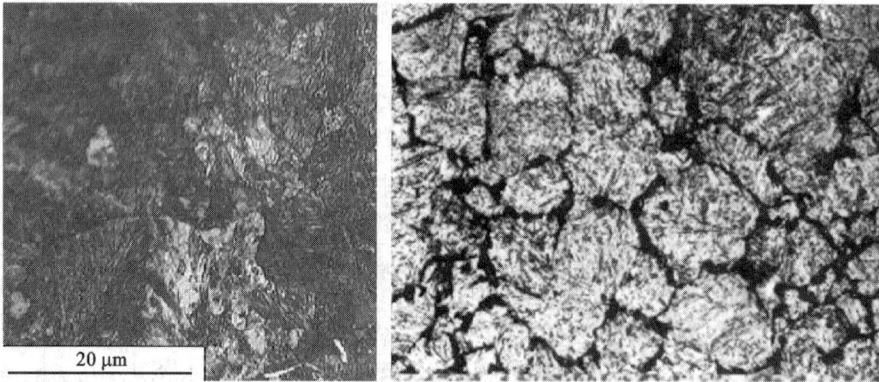

图4-3 托氏体+马氏体

4. 贝氏体(B)

为奥氏体的中温转变产物,它也是铁素体与渗碳体的两相混合物。在显微形态上,主要有三种形态:

上贝氏体是由成束平行排列的条状铁素体和条间断续分布的渗碳体所组成的非层状组织。当转变量不多时,在光学显微镜下为成束的铁素体条向奥氏体晶内伸展,具有羽毛状特征。在电镜下，铁素体以几度到十几度的小位向差相互平行，渗碳体则沿条的长轴方向排列成行，如图4-4所示。

下贝氏体是在片状铁素体内部沉淀有碳化物的两相混合物组织。它比淬火马氏体易受浸蚀，在显微镜下呈黑色针状，如图4-5所示。在电镜下可以见到，在片状铁素体基体中分布有很细的碳化物片，它们大致与铁素体片的长轴成55°~60°的角度。

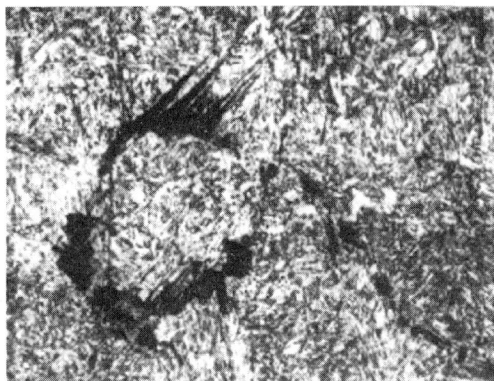

图4-4　上贝氏体+马氏体

图4-5　下贝氏体

粒状贝氏体是最近十几年才被确认的组织。在低、中碳合金钢中，特别是连续冷却时（如正火、热轧空冷或焊接热影响区）往往容易出现，在等温冷却时也可能形成。它的形成温度范围大致在上贝氏体转变温度区的上部，由铁素体和它所包围的小岛状组织所组成。

5. 马氏体（M）

马氏体是碳在 α-Fe 中形成的过饱和固溶体。马氏体的形态主要有板条状和针状两种。

板条状马氏体一般为低碳钢或低碳合金钢的淬火组织，其组织形态是由尺寸大致相同的细马氏体条定向平行排列组成马氏体束或马氏体领域，如图4-6所示。在马氏体束之间位向差较大，一个奥氏体晶粒内可形成几个不同的马氏体领域。板条马氏体具有较低的硬度和较好的韧性。

图4-6　板条状马氏体

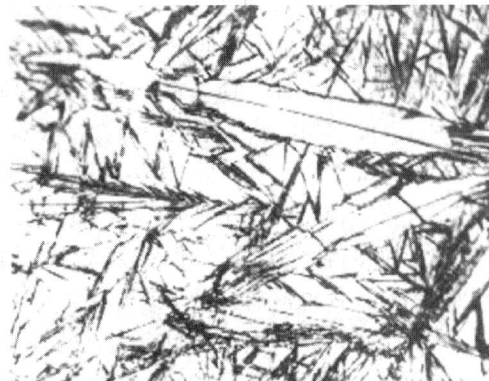

图4-7　针状马氏体+残余奥氏体

27

针状马氏体是碳量较高的钢淬火后得到的组织。在光学显微镜下，它呈竹叶状或针状，针与针之间成一定的角度。最先形成的马氏体较粗大，往往横穿整个奥氏体晶粒，将奥氏体晶粒加以分割，使以后形成的马氏体的大小受到限制。因此，针状马氏体的大小不一。同时有些马氏体有一条中脊线，并在马氏体周围有残留奥氏体，如图4-7所示。针状马氏体的硬度高而韧性差。

6. 残余奥氏体（A′）

残余奥氏体是碳含量大于0.5%的奥氏体淬火时，被保留到室温不转变的那部分奥氏体。它不易受硝酸酒精溶液的浸蚀，在显微镜下呈白亮色，分布在马氏体之间，无固定形态。含碳1.2%的碳钢780℃加热正常淬火时，其组织为马氏体＋粒状渗碳体＋少量残余奥氏体，如图4-8所示。

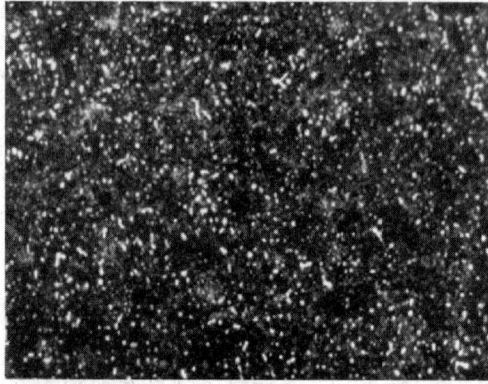

图4-8　马氏体＋粒状渗碳体

7. 钢的回火组织与性能

回火马氏体：是低温回火（150～250℃）组织，它保留了原马氏体形态特征。针状马氏体回火析出了极细的碳化物，容易受到浸蚀，在显微镜下呈黑色针状。低温回火后马氏体针变黑，而残余奥氏体不变仍呈白亮色。低温回火后可以部分消除淬火钢的内应力，增加韧性，同时仍能保持钢的高硬度。

回火托氏体：是中温回火（350～500℃）组织，回火托氏体是铁素体与粒状渗碳体组成的极细混合物。铁素体基体基本上保持了原马氏体的形态（条状或针状），第二相渗碳体则析出在其中，呈极细颗粒状，用光学显微镜极难分辨，如图4-9所示。中温回火后有很好的弹性和一定的韧性。

回火索氏体：是高温回火（500～650℃）组织，回火索氏体是铁素体与较粗的粒状渗碳体所组成的机械混合物。碳钢回火索氏体中的铁素体已经通过再结晶，呈等轴细晶粒状。经充分回火的索氏体已没有针的形态，在大于500倍的光学显微镜下，可以看到渗碳体微粒，如图4-10所示。回火索氏体具有良好的综合力学性能。

应当指出，回火托氏体、回火索氏体是淬火马氏体回火时的产物，它们的渗碳体是颗粒状的，且均匀地分布在铁素体基体上；而淬火索氏体和淬火托氏体是奥氏体过冷时直接形成的，其渗碳体是呈片状。回火组织较淬火组织在相同硬度下具有较高的塑性与韧性。

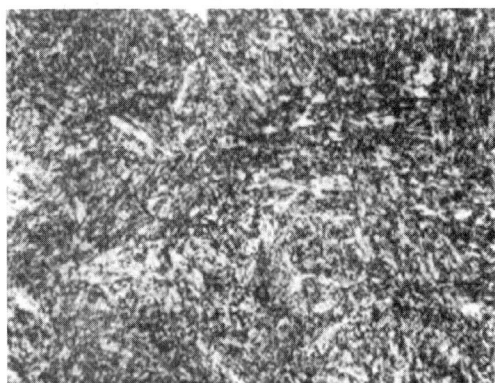

图 4 – 9　回火托氏体

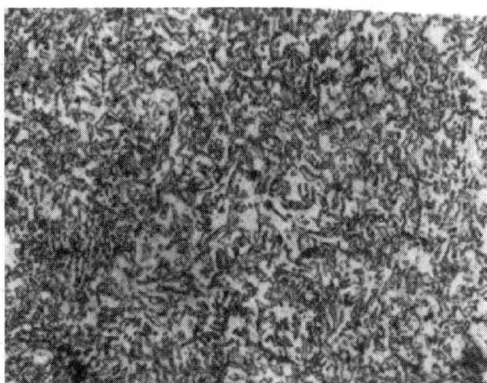

图 4 – 10　回火索氏体

8. 典型合金钢的显微组织

40Cr 钢：是典型的调质钢，经调质（淬火 + 高温回火）处理后，获得回火索氏体组织，如图 4 – 11 所示。40Cr 钢具有良好的综合力学性能，常用来制造轴、齿轮、连杆等较重要的机械零件。

GCr15 钢：是常用的铬滚动轴承钢，一般的热处理工艺为球化退火 + 淬火 + 低温回火，热处理后获得回火马氏体 + 少量的残余奥氏体 + 碳化物组织，如图 4 – 12 所示。GCr15 钢经热处理后，具有高的硬度、耐磨性和抗疲劳性，除了作滚动轴承以外，还可以用于制作模具材料使用。

图 4 – 11　40Cr 钢调质处理后的显微组织

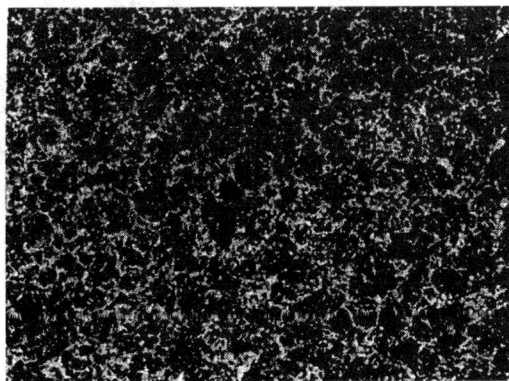

图 4 – 12　GCr15 钢热处理后的显微组织

W18Cr4V 钢：是典型的高速钢，铸态下存在有较大的鱼骨型碳化物，如图 4 – 13 所示。这些粗大的碳化物无法用热处理的方法消除，只能用锻造的方法将其打碎。最终热处理工艺为较高温度的淬火（1260 ~ 1280℃）+ 550 ~ 570℃ 三次回火，热处理后获得回火马氏体 + 少量的残余奥氏体 + 碳化物组织，如图 4 – 14 所示。具有高的硬度、耐磨性和热硬性，适合制作刨刀、钻头等高速切削刃具，以及承载较大、形状复杂、尺寸较大的模具。

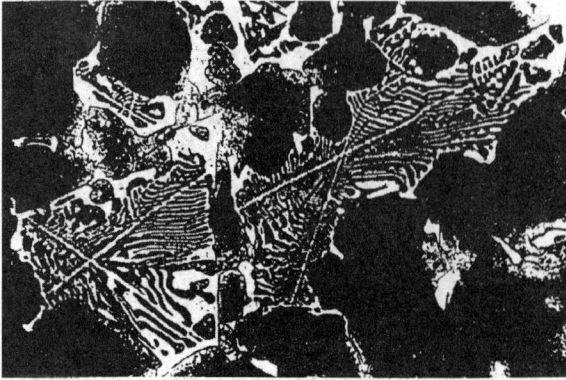

图 4 – 13　W18Cr4V 钢的铸态组织　　　　　图 4 – 14　W18Cr4V 钢淬火、回火的显微组织

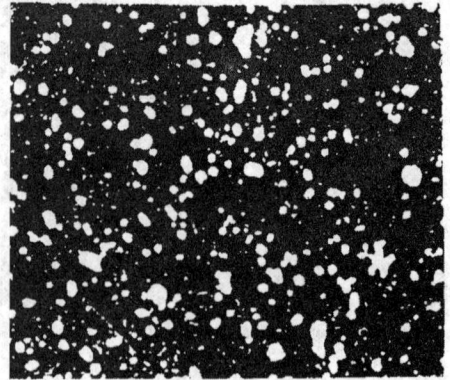

Cr12MoV 钢：是一种典型的冷作模具钢，其热处理工艺为球化退火 + 淬火 + 低温回火，热处理后获得回火马氏体 + 少量的残余奥氏体 + 碳化物组织，如图 4 – 15 所示。这些组织具有高的硬度、耐磨性和抗冷热疲劳性，适合制作承载较大、形状复杂、尺寸较大的冷作模具。

图 4 – 15　Cr12MoV 钢热处理后的显微组织

三、实验设备及试样

1. 金相显微镜
2. 常用钢的金相试样若干，如表 4 – 2 所列。

表 4 – 2　实验用各种材料的显微样品

序号	材料名称	处理方法	显微组织	说　明
1	T8 钢	正火	索氏体	索氏体是细珠光体，片层间距小
2	T8 钢	快冷正火	托氏体	托氏体为极细珠光体，常呈黑色，灰白色块状、针状为淬火马氏体
3	65Mn	等温淬火	上贝氏体	羽毛状为上贝氏体，基体为索氏体或淬火马氏体和残余奥氏体
4	65Mn	等温淬火	下贝氏体	黑色针状为下贝氏体，白色基体为淬火马氏体和残余奥氏体。部分试样为 T8 钢
5	20 钢	淬火	低碳马氏体	成束的板条状组织为低碳马氏体
6	T12 钢	淬火	高碳马氏体	深色针片状为马氏体，白色为残余奥氏体
7	45 钢	淬火	中碳马氏体	黑色竹叶状互成 120° 夹角的针状马氏体，其余为板条状马氏体
8	T10 钢	球化退火	球化珠光体	基体为铁素体，白色颗粒状为渗碳体
9	GCr15	淬火及回火	回火托氏体	黑色点状、颗粒状为碳化物，其余为有一定过饱和碳的铁素体
10	GCr15	淬火及回火	回火索氏体	颗粒状为碳化物，其余为铁素体
11	T12 钢	正火	正火组织	白色呈针状、细网格状分布的为渗碳体，其余为片层状珠光体
12	15 钢	渗碳后退火	渗碳组织	表层为过共析组织（网状渗碳体 + 珠光体），由表向内，含碳量逐渐减少，铁素体增多
13	高速钢	铸铁	共晶莱氏体 + 托氏体 + 马氏体	骨骼状组织为共晶莱氏体，基体为黑色托氏体组织，白色小块状为马氏体及残余奥氏体
14	高速钢	淬火	M + A′ + 碳化物	大颗粒状为共晶碳化物，小颗粒为二次碳化物，其余为马氏体及残余奥氏体
15	高速钢	淬火及回火	回火马氏体 + 碳化物	黑色基体为回火马氏体，白色颗粒状为碳化物
16	高速钢	退火	球化珠光体	白色球状为碳化物，基体为珠光体
17	20 钢	铸态	低碳铸钢组织	白色网状、针状、块状组织为铁素体，黑色部分为珠光体
18	T8 钢	退火脱碳	表层脱碳组织	表层脱碳后为亚共析钢，黑色为珠光体，白色为铁素体，心部为粗片状珠光体
19	45 钢	锻造后退火	带状组织	白色晶粒为铁素体，黑色条状为珠光体，呈明显的带状分布
20	T12 钢	过烧	珠光体 + 碳化物	试样加热，温度过高晶粒粗大，晶界氧化，部分晶界熔化形成裂纹

四、实验内容及操作步骤

1.观察各样品的显微组织，区别其组织特征，并分析其组织与力学性能之间的关系。

2.在金相显微镜下选择各试样显微组织中的典型区域，并根据其组织特征描绘出其显微组织示意图。

五、实验注意事项

1.在观察显微组织时，可先用低倍镜进行全面地观察，找出典型组织，然后再用高倍镜放大，对部分区域进行详细观察。

2.在移动金相试样时，不得用手指触摸试样表面或将试样表面在载物台上滑动，以免引起显微组织模糊不清，影响观察效果。

3.画组织示意图时，应抓住组织形态的特点，画出典型区域的组织。注意不要将磨痕或杂质画在图上。

六、实验记录

材料名称＿＿＿＿＿＿＿＿

金相组织＿＿＿＿＿＿＿＿

处理方法＿＿＿＿＿＿＿＿

放大倍数＿＿＿＿＿＿＿＿

浸 蚀 剂＿＿＿＿＿＿＿＿

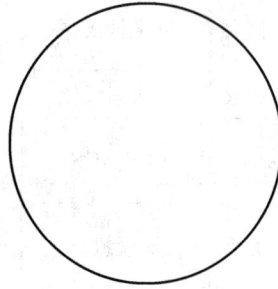

材料名称＿＿＿＿＿＿＿＿

金相组织＿＿＿＿＿＿＿＿

处理方法＿＿＿＿＿＿＿＿

放大倍数＿＿＿＿＿＿＿＿

浸 蚀 剂＿＿＿＿＿＿＿＿

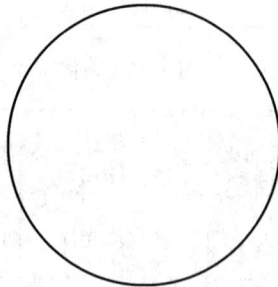

材料名称＿＿＿＿＿＿＿＿

金相组织＿＿＿＿＿＿＿＿

处理方法＿＿＿＿＿＿＿＿

放大倍数＿＿＿＿＿＿＿＿

浸 蚀 剂＿＿＿＿＿＿＿＿

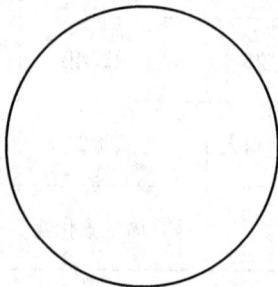

材料名称＿＿＿＿＿＿＿＿

金相组织＿＿＿＿＿＿＿＿

处理方法＿＿＿＿＿＿＿＿

放大倍数＿＿＿＿＿＿＿＿

浸 蚀 剂＿＿＿＿＿＿＿＿

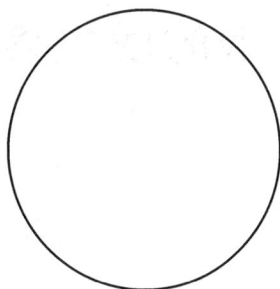

材料名称＿＿＿＿＿＿＿＿

金相组织＿＿＿＿＿＿＿＿

处理方法＿＿＿＿＿＿＿＿

放大倍数＿＿＿＿＿＿＿＿

浸 蚀 剂＿＿＿＿＿＿＿＿

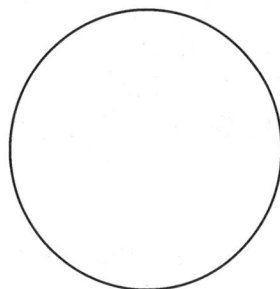

材料名称＿＿＿＿＿＿＿＿

金相组织＿＿＿＿＿＿＿＿

处理方法＿＿＿＿＿＿＿＿

放大倍数＿＿＿＿＿＿＿＿

浸 蚀 剂＿＿＿＿＿＿＿＿

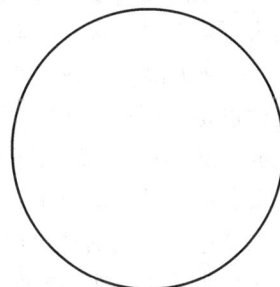

七、实验报告内容及要求

1. 用铅笔画出常用钢的显微组织示意图，用引线和符号标出其各种组织的名称，并填写出显微组织的有关说明信息。

2. 分析说明常用钢的非平衡组织特征及性能特点。

实验五　钢的回火稳定性测试及对比分析

一、实验目的

1. 熟悉钢的回火稳定性的概念。
2. 了解钢的回火稳定性的测试方法。
3. 通过数据处理，比较碳含量、合金元素对回火稳定性的影响。

二、实验概述

淬火钢在回火时，抵抗强度、硬度下降的能力称为回火稳定性。

通常情况下，回火会导致马氏体的分解，随着回火的温度不同，分别形成回火马氏体、回火托氏体、回火索氏体，这些回火组织比马氏体硬度要低，因此回火后硬度、强度会下降。

回火稳定性指随回火温度升高，材料的强度和硬度下降快慢的程度，也称回火抗力或抗回火软化能力，通常以钢的回火温度 – 硬度曲线来表示，硬度下降慢则表示回火稳定性高或回火抗力大。回火稳定性也是与回火时组织变化相联系的，它与钢的热稳定性共同表征钢在高温下的组织稳定性程度，表征模具在高温下的变形抗力。

一般钢中的合金元素滞缓马氏体的分解，阻碍碳化物的聚集长大，形成坚硬的碳化物以及阻碍相的回复和再结晶。这些影响的结果使淬火钢回火时变得更为稳定，其硬度不易随回火温度的升高而降低，也就是所说的钢的抗回火的稳定性，因而回火时合金钢的回火时间要比碳钢的长。

合金钢的回火稳定性比碳素钢好，这是由于合金元素在回火时阻碍了钢中原子的扩散，因而在同样温度下，起到延迟马氏体分解和抗回火软化的作用。

对合金钢的回火稳定性影响比较显著的为钒、钨、钛、铬、钼、钴、硅等元素；影响不明显的为铝、锰、镍等元素。可以看到，碳化物形成元素对回火软化的延迟作用特别显著。钴和硅元素虽属不形成碳化物元素，但它们对渗碳体晶核的形成和长大有强烈的延迟作用，因此，也有延迟回火软化的作用。钨的作用与钼相似，但对回火脆性的影响尚未十分确定。

合金钢回火稳定性较高，一般是有利的。在达到相同硬度的情况下，合金钢的回火温度比碳钢高，回火时间也应适当增长，可进一步消除残余应力，因而合金钢的塑性、韧性较碳钢好；而在同一温度回火时，合金钢的强度、硬度比碳钢高。

三、实验仪器设备及材料

1. HRS – 150 型数显洛氏硬度计
2. 热处理加热炉
3. 材料：淬火态碳钢（45、T12 等）若干，淬火态合金钢（40Cr、60Si2Mn、GCr15、W18Cr4V 等）若干。

四、实验内容及操作步骤

1. 了解钢的回火稳定性的测试方法。
2. 用热处理炉进行不同温度的回火处理。
3. 按照仪器的操作规程进行洛氏硬度测定并记录数据。

五、实验记录

表 5 – 1　回火稳定性测定数据记录表

材料名称	淬火后硬度（HRC）	200℃回火后硬度（HRC）	400℃回火后硬度（HRC）	600℃回火后硬度（HRC）

六、实验报告内容及要求

1. 将实验数据填入表格内，并分析各种钢硬度变化的原因。
2. 根据表 5 – 1 中的实验数据分析、绘制碳含量、合金元素对回火稳定性的影响曲线。
3. 根据实验结果总结碳含量、合金元素对回火稳定性的影响规律。

实验六　铸铁及非铁合金的显微组织观察与分析

一、实验目的

1. 了解常用台式金相显微镜的主要构造与使用方法，熟练掌握利用金相显微镜进行显微组织分析的基本方法。

2. 观察和识别铸铁及非铁合金材料的显微组织特征。

3. 分析铸铁及非铁合金材料的组织和性能之间的关系与应用。

二、实验概述

1. 铸铁的显微组织

铸铁的组织由钢的基体组织和石墨两部分组成，根据石墨的形态不同，可将铸铁分为灰铸铁、球墨铸铁、可锻铸铁和蠕墨铸铁四类。

灰铸铁：灰铸铁中石墨呈片状分布，对基体的割裂作用较大。如在铸铁浇注前往铁水中加入少量的孕育剂，可增加石墨的结晶核心，细化石墨片，获得珠光体加细小石墨片的孕育铸铁。常用的灰铸铁由于化学成分和冷却速度的不同，有铁素体灰铸铁、铁素体－珠光体灰铸铁和珠光体灰铸铁三种，其显微组织如图6－1所示。

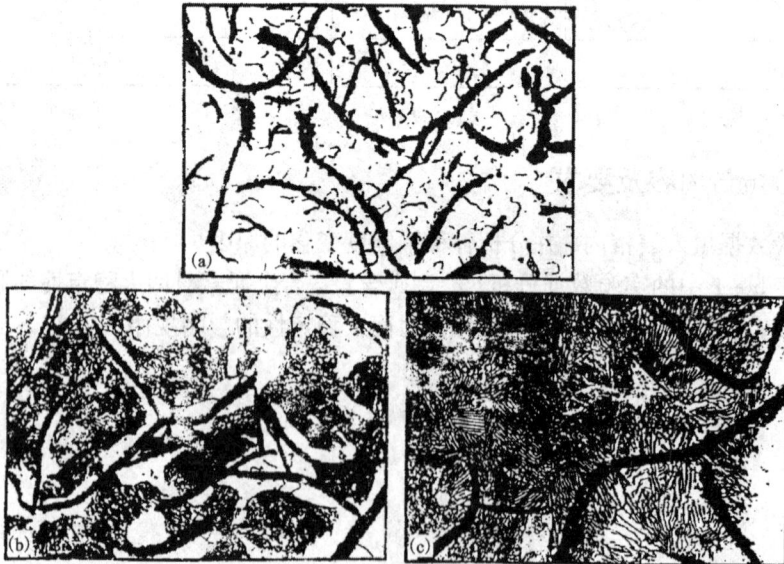

图6－1　灰铸铁的显微组织

(a)铁素体灰铸铁；(b)铁素体－珠光体灰铸铁；(c)珠光体灰铸铁

　　球墨铸铁：是将普通灰铸铁原料配料熔化成铁水后，经过球化处理和孕育处理而得到的灰口铸铁。在铁水中加入球化剂和孕育剂，浇注后石墨呈球状析出，因而大大削弱了石墨对基体的割裂作用，使铸铁的性能显著提高。球墨铸铁根据基体组织不同有铁素体球墨铸铁、铁素体－珠光体球墨铸铁和珠光体球墨铸铁三种，其显微组织如图6-2所示。

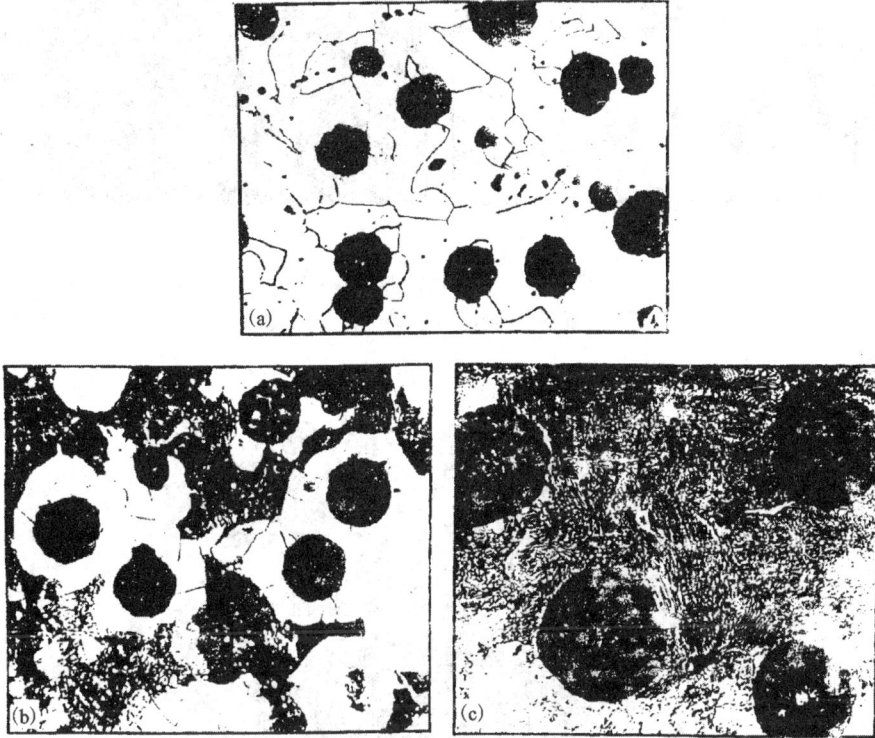

图6-2　球墨铸铁的显微组织
(a)铁素体球墨铸铁；(b)铁素体－珠光体球墨铸铁；(c)珠光体球墨铸铁

　　可锻铸铁：又称展性铸铁，是由白口铸铁在固态下经长时间石墨化退火而得到的灰口铸铁，由于石墨呈团絮状，显著削弱了对基体的割裂作用，因而使可锻铸铁的力学性能比灰铸铁有明显提高。根据基体组织不同，常用的可锻铸铁有黑心(铁素体)可锻铸铁和珠光体可锻铸铁两种，其显微组织如图6-3所示。

　　蠕墨铸铁：是具有蠕虫状石墨的灰口铸铁，石墨形状短而厚，头部较圆，形如蠕虫状。其显微组织如图6-4所示。

2.非铁合金材料的显微组织

　　铝合金：分为形变铝合金和铸造铝合金两大类，其中铝硅合金是一种应用最广泛的铸造铝合金，常称硅铝明，典型牌号为ZAlSi12(ZL102)，硅的质量分数为10%～13%。由于合金处于Al-Si合金相图共晶成分附近，故具有优良的铸造性能。但铸造后得到粗大针状的硅晶体和α固溶体所组成的共晶体(α+Si)，有时还有少量呈多面体状的初生硅晶体，如图6-5(a)所示。由于粗大的硅晶体性极脆，因而严重地降低了合金的塑性和韧性。为了改善合金的力学性能，可进行变质处理。经变质处理，可使硅晶体显著细化，同时还可使相图中共晶

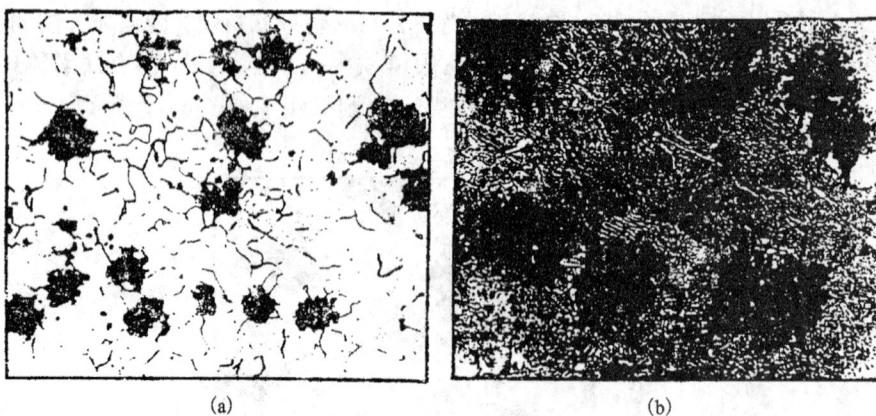

(a)　　　　　　　　　　　(b)

图 6 – 3　可锻铸铁的显微组织

(a) 黑心可锻铸铁；(b) 珠光体可锻铸铁

图 6 – 4　蠕墨铸铁的显微组织

点向右下方移动, 使原合金成分变为亚共晶成分, 所以变质处理后组织由初生的 α 固溶体和细密的 $(\alpha + Si)$ 共晶体组成, 如图 6 – 5(b) 所示。由于共晶体中的硅显著细化, 加之组织类型的变化, 使合金的性能显著提高。

　　铜合金: 工业上常用的铜合金有黄铜和青铜两类, 现以黄铜为例加以说明。锌的质量分数小于 32% 的黄铜, 其室温下的平衡组织为单相 α 固溶体, 故称为单相黄铜。这类黄铜退火后, 其晶粒呈多边形, 并有大量的退火变晶, 其显微组织如图 6 – 6 所示。由于各晶粒间位向的差别, 使其受浸蚀的程度不同, 所以看到的晶粒颜色明暗不同。锌的质量分数为 32% ~ 45% 的黄铜, 在室温下的平衡组织为 $\alpha + \beta$ 两相, 故称双相黄铜。其显微组织如图 6 – 7 所示, 其中白亮色为 α 相, 暗黑色为 β 相。

38

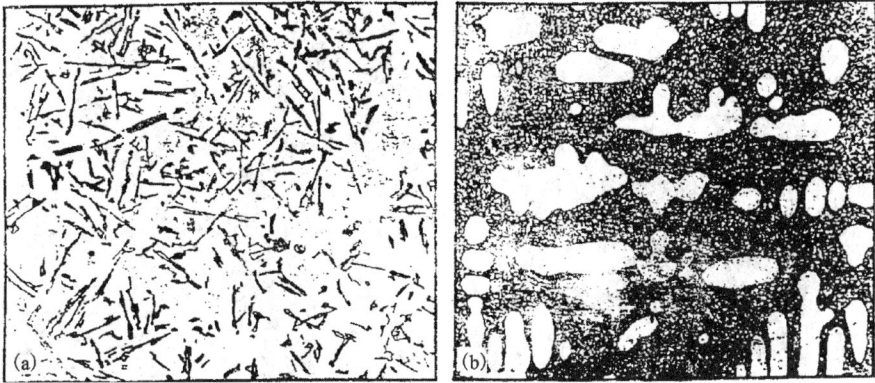

图 6 – 5　ZL102 合金的显微组织

(a)变质前；(b)变质后

图 6 – 6　单相黄铜的显微组织

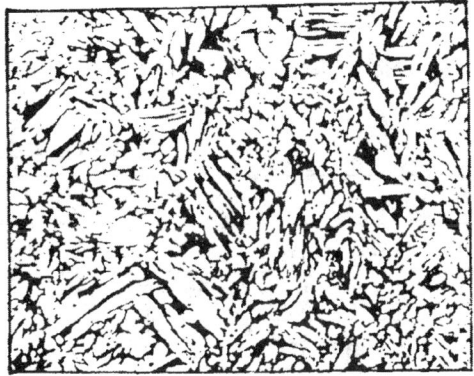

图 6 – 7　双相黄铜的显微组织

　　轴承合金：以锡基轴承合金与铅基轴承合金应用最广，其组织都是由软基体和硬质点组成的。锡基轴承合金是以 Sn 为基体元素，加入 Sb、Cu 等元素所组成的合金，其显微组织如图 6 – 8 所示。显微组织中，软基体是 α 固溶体，呈暗黑色，硬质点是白色方块状的 β 相和白色星状或针状的化合物 Cu_3Sn。铅基轴承合金是以 Pb、Sb 为基体元素，加入 Sn、Cu 等元素所组成的合金，其显微组织如图 6 – 9 所示。显微组织中，软基体为(α + β)共晶体；硬质点是白色方块状的 β 相和白色针状的化合物 Cu_2Sb。

图6-8　锡基轴承合金的显微组织　　　　　图6-9　铅基轴承合金的显微组织

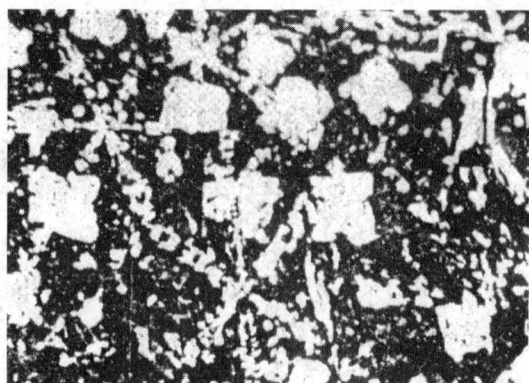

三、实验设备及试样

1. 金相显微镜
2. 各类金属材料的金相试样若干；实验用各种材料的显微样品如表6-1所列。

表6-1　实验用各种材料的显微样品

序号	材料名称	处理方法	显微组织	浸蚀剂
1	铁素体灰铸铁	铸态	F + G(片状)	4%硝酸酒精溶液
2	铁素体-珠光体灰铸铁	铸态	F + P + G(片状)	4%硝酸酒精溶液
3	珠光体灰铸铁	铸态	P + G(片状)	4%硝酸酒精溶液
4	铁素体球墨铸铁	铸态	F + G(球状)	4%硝酸酒精溶液
5	铁素体-珠光体球墨铸铁	铸态	F + P + G(球状)	4%硝酸酒精溶液
6	珠光体球墨铸铁	铸态	P + G(球状)	4%硝酸酒精溶液
7	铁素体(黑心)可锻铸铁	退火	F + G(团絮状)	4%硝酸酒精溶液
8	珠光体可锻铸铁	退火	P + G(团絮状)	4%硝酸酒精溶液
9	铁素体蠕墨铸铁	铸态	F + G(蠕虫状)	4%硝酸酒精溶液
10	铝硅合金(变质前)	铸态	$(\alpha + Si)$	0.5%氢氟酸水溶液
11	铝硅合金(变质后)	铸态	$\alpha + (\alpha + Si)$	0.5%氢氟酸水溶液
12	单相黄铜	退火	α	3% $FeCl_3$ + 10% HCl 水溶液
13	双相黄铜	退火	$\alpha + \beta'$	3% $FeCl_3$ + 10% HCl 水溶液
14	锡基轴承合金	铸态	$\alpha + \beta' + Cu_3Sn$	4%硝酸酒精溶液
15	铅基轴承合金	铸态	$(\alpha + \beta') + \beta' + Cu_2Sb$	4%硝酸酒精溶液

3.常用金属材料的金相照片：表6-1中所列各种材料样品的显微组织放大照片一套。

四、实验内容及操作步骤

1.熟悉金相显微镜的基本结构、工作原理及操作使用。

2.在显微镜下认真观察表6-1中所列样品的显微组织，识别各种显微组织特征。

3.在金相显微镜下选择各试样显微组织的典型区域，根据组织特征描绘出其显微组织示意图，记录所观察的各试样名称、显微组织、浸蚀剂、放大倍数及组织特征，并用引线标出各显微组织示意图中组织组成物的名称。

五、实验注意事项

1.在观察显微组织时，可先用低倍镜进行全面地观察，找出典型组织，然后再用高倍镜放大，对部分区域进行详细观察。

2.在移动金相试样时，不得用手指触摸试样表面或将试样表面在载物台上滑动，以免引起显微组织模糊不清，影响观察效果。

3.画组织示意图时，应抓住组织形态的特点，画出典型区域的组织。注意不要将磨痕或杂质画在图上。

六、实验记录

材料名称＿＿＿＿＿＿＿＿＿

金相组织＿＿＿＿＿＿＿＿＿

处理方法＿＿＿＿＿＿＿＿＿

放大倍数＿＿＿＿＿＿＿＿＿

浸　蚀　剂＿＿＿＿＿＿＿＿＿

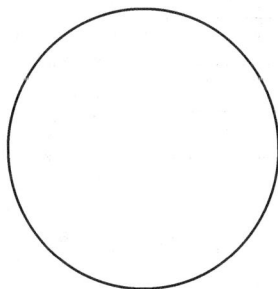

材料名称＿＿＿＿＿＿＿＿＿

金相组织＿＿＿＿＿＿＿＿＿

处理方法＿＿＿＿＿＿＿＿＿

放大倍数＿＿＿＿＿＿＿＿＿

浸　蚀　剂＿＿＿＿＿＿＿＿＿

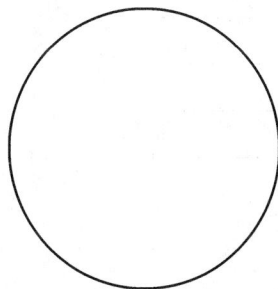

材料名称＿＿＿＿＿＿＿＿

金相组织＿＿＿＿＿＿＿＿

处理方法＿＿＿＿＿＿＿＿

放大倍数＿＿＿＿＿＿＿＿

浸 蚀 剂＿＿＿＿＿＿＿＿

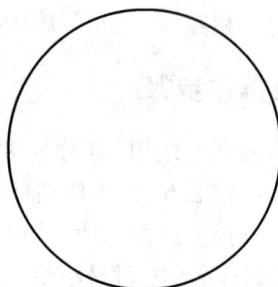

材料名称＿＿＿＿＿＿＿＿

金相组织＿＿＿＿＿＿＿＿

处理方法＿＿＿＿＿＿＿＿

放大倍数＿＿＿＿＿＿＿＿

浸 蚀 剂＿＿＿＿＿＿＿＿

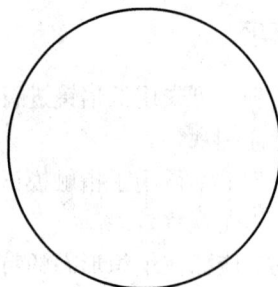

材料名称＿＿＿＿＿＿＿＿

金相组织＿＿＿＿＿＿＿＿

处理方法＿＿＿＿＿＿＿＿

放大倍数＿＿＿＿＿＿＿＿

浸 蚀 剂＿＿＿＿＿＿＿＿

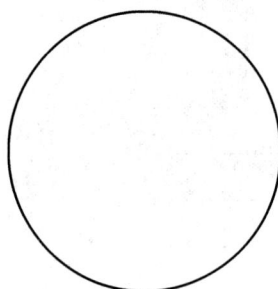

材料名称＿＿＿＿＿＿＿＿

金相组织＿＿＿＿＿＿＿＿

处理方法＿＿＿＿＿＿＿＿

放大倍数＿＿＿＿＿＿＿＿

浸 蚀 剂＿＿＿＿＿＿＿＿

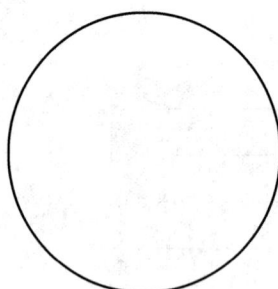

七、实验报告内容及要求

1. 用铅笔画出典型合金样品的显微组织示意图，用引线和符号标出其各种组织的名称，并填写出显微组织的有关说明信息。

2. 分析相应铸铁及非铁合金材料的组织特点及其对性能的影响。

实验七　铁碳合金的显微组织分析与鉴别

一、实验目的

1. 了解金相试样的制备原理和制备过程，了解目前制备金相试样的先进技术。

2. 熟悉各种常用制样设备的基本原理和使用方法。

3. 利用金相显微镜认真观察所制备金相试样的显微组织特征，根据已学过的知识分析组织组成和基本类型，初步判别材料类型和材料牌号。

二、实验概述

金相试样的制备过程包括取样、镶嵌、标号、磨制、抛光、浸蚀等几个步骤，但并不是每个金相试样都需要经过上述各个步骤。若选取的试样大小、形状合适，便于握持磨制，则不必进行镶嵌；若需检验铸铁中的石墨，就不必进行浸蚀。制备好的试样应能观察到材料的真实组织，做到金相面无磨痕、无麻点、无水迹，并使金属组织中的夹杂物、石墨等不脱落，以免影响显微分析的正确性。

1. 取样

金相试样的选取应根据检验的目的，选取有代表性的部位和磨面。如在检验和分析零件的失效原因时，除了在失效的具体部位取样外，还需要在零件的完好处取样，以便进行对比研究；在检测脱碳层、化学热处理的渗层、淬火层等，应选择横向截面或横向表层取样；在研究带状组织及冷塑性变形工件的组织和夹杂物的变形情况时，则应截取纵向截面试样；对于一般热处理后的零件，由于金相组织比较均匀，试样的截取可以在任一截面进行。

金相试样的截取方法应根据金属材料的具体性质而定，如软的金属材料可用手锯或锯床切割；硬而脆的材料（如白口铸铁）可用锤击打碎；对于极硬的材料（如淬火钢）可用砂轮片切割或用电脉冲加工。但不论用何种方法取样，都应避免试样的受热或产生变形，以免引起金属的组织变化，为防止零件受热，必要时应随时用水冷却。

2. 镶嵌

选取的试样尺寸应便于握持，一般不要过大。常用的试样尺寸为直径 12～15 mm 的圆柱体或边长为 12～15 mm 的正方柱体试样。对于形状特殊或尺寸细小不易握持的试样或为了不发生倒角的试样，可采用镶嵌的方法进行处理，金相试样的镶嵌方法如图 7-1 所示。

镶嵌法是将金相试样镶嵌在不同的镶嵌材料中，得到外形规则并且便于握持的试样。目前常用的镶嵌方法有机械夹持法、低熔点合金镶嵌法、塑料镶嵌法等。制备三个以上金相试样时，容易发生混乱，需在试样磨面的侧面或背面编号，在对金相试样进行编号时，应力求简单，做到能与其他试样相区别即可，如刻号、用钢字码打号等。一般试样在标号后应装入

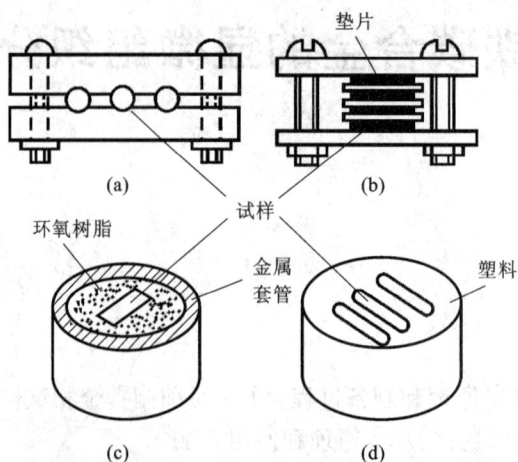

图 7-1　金相试样的镶嵌方法

（a）、（b）机械夹持法；（c）低熔点合金镶嵌法；（d）塑料镶嵌法

试样袋内，试样袋上应记录试样名称、材料、工艺、送检单位、检验目的、编号及检验结果等项目；当试样无法编号时，则可在试样袋上按其形状特征画出简图，以示区别。

3. 试样的磨制

金相试样的磨制一般分为粗磨和细磨两类。粗磨的目的是为了获得一个平整的金相磨面，试样选取后，将其选定的金相磨面在砂轮上磨成平面，同时将尖角倒圆。磨制时应握紧试样，用力要均匀且不宜过大，并随时用水冷却，防止试样受热而引起组织变化。

将粗磨后的试样用清水冲洗并擦干后进行细磨操作，细磨分为手工细磨和机器细磨两种。手工细磨是依次在由粗到细的各号金相砂纸上进行细磨操作，常用的金相砂纸号数有01、02、03、04、05 五种，号数越大，磨粒越细。磨制时将金相砂纸平铺在厚玻璃板上，用左手按住砂纸，右手握住试样，使金相磨面朝下并与金相砂纸相接触，在轻微压力的作用下向前推磨，用力力求均匀、平稳，防止磨痕过深和造成金相磨面的变形；试样退回时要抬起，不能与金相砂纸相接触，进行"单程、单向"的磨制方法，直到磨掉试样磨面上的旧磨痕，形成的新磨痕均匀一致为止。手工细磨的操作方法如图7-2 所示。

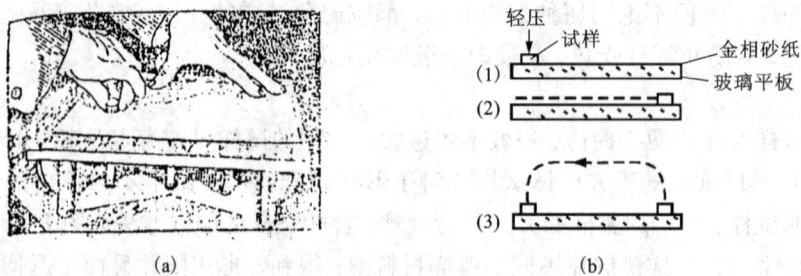

图 7-2　手工细磨的操作方法

（a）操作姿势；（b）正确的磨制过程

44

在调换下一号金相砂纸时，应将试样上的磨屑和砂粒清理干净，并转动90°角，即与上一号砂纸的磨痕相垂直，直到将上一号砂纸留下来的磨痕全部消除为止。试样磨面上磨痕的变化情况如图7-3所示。

为了加快磨制速度，还可以采用机器细磨，即将磨粒粗细不同的水砂纸装在预磨机的各个磨盘上，一边冲水，一边在旋转的磨盘上进行磨制。

4.试样的抛光

金相试样经磨制后，磨面上仍然存在着细微的磨痕及金属扰乱层，影响正常的组织分析，因而必须进行抛光处理，以得到平整、光亮、无痕的金相磨面。常用的抛光方法有机械抛光、电解抛光、化学抛光等，其中以机械抛光应用最广。

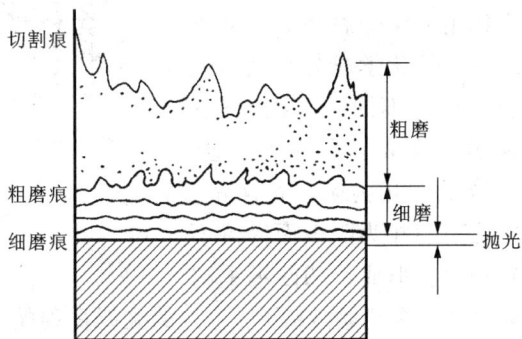

图7-3　试样磨面上磨痕的变化情况

机械抛光是在专用的抛光机上进行的，靠抛光磨料对金相磨面的磨削和滚压作用使其成为光滑的镜面。抛光机主要由电动机和抛光盘(直径为200～250 mm、转速200～600 r/min)，抛光时应在抛光盘上铺以细帆布、平绒、丝绸等抛光织物，并不断滴注抛光液。抛光液一般是氧化铝、氧化铬、氧化镁等细粉末状磨料在水中形成的悬浮液。操作时将试样磨面均匀地压在旋转的抛光盘上，并沿抛光盘的边缘到中心不断地作径向往复运动，同时使试样本身略加转动，使磨面各部分抛光程度一致，并且可以避免出现"曳尾"现象，抛光液的滴入量以试样离开抛光盘后，其表面的水膜在数秒钟内可自行挥发为宜，一般抛光时间为3～5 min。抛光后的试样磨面应光亮无痕，石墨或夹杂物应予以保留，且不能有"曳尾"现象。

电解抛光是将试样放在电解液中作为阳极，用不锈钢板或铅版作阴极，以直流电通过电解液到阳极(即金相试样)，试样表面的凸起部分因选择性溶解而被抛光。电解抛光速度快、表面光洁，只产生纯的化学溶解作用而无机械力的影响，在抛光过程中不会发生塑性变形，但电解抛光的过程不易控制。

化学抛光是将化学试剂涂抹在经过粗磨的试样表面上，经过几秒到几分钟的时间，依靠化学腐蚀作用使试样表面发生选择性溶解，从而得到光滑平整的试样表面。化学抛光的操作简便，适用的试样材料广泛，不易产生金属扰乱层，对软金属材料尤为适用；对试样尺寸、形状要求不严格，一次能抛光多个试样，并兼有浸蚀作用，化学抛光后即可在金相显微镜下进行观察。但化学抛光时药品消耗量大、成本高，对抛光液的成分、新旧程度、温度、抛光时间等最佳参数较难掌握，易产生点蚀，夹杂物容易被腐蚀掉。

抛光后的试样磨面应光亮无痕，其中的石墨或夹杂物等不应被抛掉或产生曳尾现象。抛光完成后，先将试样用清水冲洗干净，然后用酒精冲去残留水滴，再用吹风机吹干即可。

5.试样的浸蚀

抛光后的试样磨面是一光滑的镜面，在金相显微镜下只能看到非金属夹杂物、石墨、孔洞、裂纹等，要观察金属的组织特征，必须经过适当的浸蚀，使金属的组织正确地显示出来。目前最常用的浸蚀方法是化学浸蚀法。

化学浸蚀法是将抛光好的试样磨面在化学浸蚀剂(常用酸、碱、盐的酒精或水溶液)中浸蚀或擦拭一定的时间,借助于化学或电化学作用显示金属组织。由于金属中各相的化学成分和晶体结构不同,具有不同的电极电位,在浸蚀剂中构成了许多微电池,电极电位低的相为阳极被溶解,电极电位高的相为阴极而保持不变。在浸蚀后形成了凹凸不平的

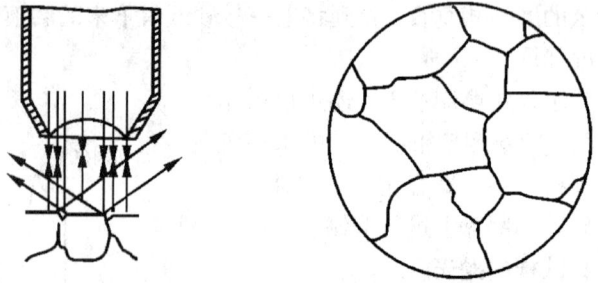

图7-4 金属组织的显示原理

试样表面。在金相显微镜下,各处的光线反射情况不同,就能观察到金属的显微组织特征。金属组织的显示原理如图7-4所示。

纯金属及单相合金的浸蚀是一个化学溶解过程。由于晶界原子排列较乱,缺陷及杂质较多,并具有较高的能量,故晶界易被浸蚀而呈凹沟。在金相显微镜下观察时,使光线在晶界处被漫反射而不能进入物镜,则显示出一条条黑色的晶界。

两相以上合金的浸蚀是一个电化学溶解过程。由于电极电位不同,电极电位低的一相被腐蚀而形成凹沟,电极电位高的一相只产生化学溶解,保持了原来的平面状态,当光线照射到凹凸不平的试样表面时,就能看到不同的组成相及其组织形态,单相和两相组织的显示图如图7-5所示。

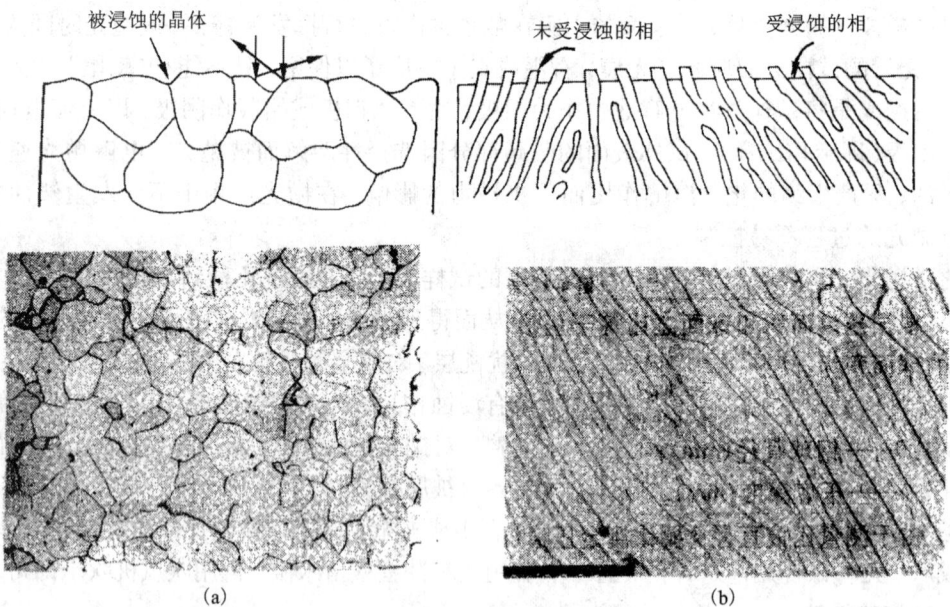

图7-5 单相和两相组织的显示图

(a)单相组织;(b)多相组织

　　应当指出，金属中各个晶粒的成分虽然相同，但由于其原子排列位向不同，也会使磨面上各晶粒的浸蚀程度不一致，在垂直光线照射下，各个晶粒就呈现出明暗不同的颜色。

　　化学浸蚀剂的种类很多，应按金属材料的种类和浸蚀的目的，进行合理地选择。常用的浸蚀剂如表7-1所示。

表7-1　常用的化学浸蚀剂

序号	浸蚀剂名称	成分	适用范围	使用要点
1	硝酸酒精溶液	硝酸 1~5 mL 酒精 100 mL	显示碳钢及低合金钢的组织	硝酸含量按材料选择，浸蚀数秒钟
2	苦味酸酒精溶液	苦味酸 2~10 g 酒精 100 mL	显示钢铁材料的细密组织	浸蚀时间自数秒钟至数分钟
3	苦味酸盐酸酒精溶液	苦味酸 1~5 g 盐酸 5 mL 酒精 100 mL	显示淬火及淬火回火后钢的晶粒和组织	浸蚀时间为数秒钟至 1 min
4	苛性钠苦味酸水溶液	苛性钠 25 g 苦味酸 2 g 水 100 mL	将钢中的渗碳体染成暗黑色	加热煮沸浸蚀 5~30 min
5	氯化铁盐酸水溶液	氯化铁 5 g 盐酸 50 mL 水 100 mL	显示不锈钢、奥氏体高镍钢、铜及铜合金的组织	浸蚀至显现组织
6	王水甘油溶液	硝酸 10 mL 盐酸 20~30 mL 甘油 30 mL	显示奥氏体镍铬合金等组织	先将盐酸与甘油充分混合，然后加入硝酸，试样浸蚀前先用开水预热
7	高锰酸钾苛性钠	高锰酸钾 4 g 苛性钠 4 g	显示高合金钢中的碳化物等	煮沸使用，浸蚀 1~10 min
8	氨水双氧水溶液	氨水(饱和)50 mL 双氧水溶液(3%)50 mL	显示铜及铜合金组织	随用随配，用棉花蘸取后擦拭
9	氯化铜氨水溶液	氯化铜 8 g 氨水(饱和)100 mL	显示铜及铜合金组织	浸蚀 30~60 s
10	硝酸铁水溶液	硝酸铁 10 g 水 100 mL	显示铜合金组织	用棉花擦拭
11	混合酸水溶液	氢氟酸(浓)1 mL 盐酸 1.5 mL 硝酸 2.5 mL 水 95 mL	显示硬铝组织	浸蚀 10~20 s 或用棉花擦拭
12	氢氟酸水溶液	氢氟酸 0.5 mL 水 99.5 mL	显示一般铝合金组织	用棉花擦拭
13	苛性钠水溶液	苛性钠 1 g 水 100 mL	显示铝及铝合金组织	浸蚀数秒钟

化学浸蚀时，应将试样磨面向下浸入一盛有浸蚀剂的容器内，并不断地轻微晃动或用棉花沾上浸蚀剂擦拭试样表面，待浸蚀适度后取出试样，迅速用清水将试样磨面冲洗干净，然后用无水酒精冲洗，最后用吹风机吹干。试样表面需严格保持清洁，若不立即观察，应将制备好的金相试样保存于干燥器中。

浸蚀的时间要适当，一般试样磨面发暗时即可停止，浸蚀时间取决于金属的性质、浸蚀剂的浓度以及显微镜观察时的放大倍数。总之，浸蚀时间以在显微镜下能清晰地揭示出显微组织的细节为准。若浸蚀不足，可再重复进行浸蚀，但一旦浸蚀过度，试样则需重新抛光，有时还需要在最后一号砂纸上进行磨制。

三、实验仪器设备及材料

1. 仪器设备：金相显微镜、砂轮机、抛光机、预磨机、电吹风等。
2. 材料：退火态碳钢的试样若干。
3. 其他实验用品：不同粗细的金相砂纸，玻璃板、浸蚀剂、抛光液、无水酒精、镊子、棉花等。

预磨机：MC004 - M - 2 型金相试样预磨机简称预磨机，如图 7-6 所示，是一种湿式磨光机，它利用各种不同粒度的抗水砂纸，对各种金属及其合金的试样进行预磨。采用本预磨机，除以机械磨光代替手工操作提高制备试样的效率以外，还能完全除去试样切割过程中产生的塑性变形和表面加热痕迹，供进一步抛光后进行组织的显微测定。

图 7-6　金相试样预磨机

预磨机在工作时，将清水不断注入旋转的磨盘中，抗水砂纸下面的水因离心力的作用被抛出盘外，砂纸在大气压的作用下可以自由地伸缩从而紧贴在磨盘上，因而无须将砂纸粘结或夹紧，使用及更换十分方便。

预磨机由铝铸件构成的底座、磨盘、和塑料压制的磨光罩及盖等基本部件组成，底座上安装有两个磨盘，可供两人同时操作。

抛光机：抛光机由底座、抛光盘、抛光织物、抛光罩及盖等基本元件组成，如图 7-7 所示。电动机固定在底座上，固定抛光盘用的锥套通过螺钉与电动机轴相连。抛光织物通过套圈紧固在抛光盘上，电动机通过底座上的开关接通电源起动后，便可用手对试样施加压力在转动的抛光盘上进行抛光。抛光过程中加入的抛光液可通过固定在底座上的塑料盘中的排水管流入置于抛光机旁的方盘内。抛光罩及盖可防止灰土及其他杂物在机器不使用时落在抛光织物上而影响使用效果。

抛光机操作的关键是要设法得到最大的抛光速率，以便尽快除去磨光时产生的损伤层。

图 7 - 7　金相抛光机

同时也要使抛光损伤层不会影响最终观察到的组织，即不会造成假组织。前者要求使用较粗的磨料，以保证有较大的抛光速率来去除磨光的损伤层，但抛光损伤层也较深；后者要求使用最细的材料，使抛光损伤层较浅，但抛光速率低。解决这个矛盾的最好办法就是把抛光分为两个阶段进行。粗抛目的是去除磨光损伤层，这一阶段应具有最大的抛光速率，粗抛形成的表层损伤是次要的考虑，不过也应当尽可能小；其次是精抛（或称终抛），其目的是去除粗抛产生的表层损伤，使抛光损伤减到最小。

抛光机抛光时，试样磨面与抛光盘应绝对平行并均匀地轻压在抛光盘上，注意防止试样飞出和因压力太大而产生新磨痕。同时还应使试样自转并沿转盘半径方向来回移动，以避免抛光织物局部磨太快在抛光过程中要不断添加微粉悬浮液，使抛光织物保持一定湿度。湿度太大会减弱抛光的磨痕作用，使试样中硬相呈现浮凸和钢中非金属夹杂物及铸铁中石墨相产生"曳尾"现象；湿度太小时，由于摩擦生热会使试样升温，润滑作用减小，磨面失去光泽，甚至出现黑斑，轻合金则会抛伤表面。

为了达到粗抛的目的，要求转盘转速较低，最好不要超过 600 r/min；抛光时间应当比去掉划痕所需的时间长些，因为还要去掉变形层。粗抛后磨面光滑，但黯淡无光，在显微镜下观察有均匀细致的磨痕，有待精抛消除。精抛时转盘速度可适当提高，抛光时间以抛掉粗抛的损伤层为宜。精抛后磨面明亮如镜，在显微镜明视场条件下看不到划痕，但在相衬照明条件下则仍可见到磨痕。

镶嵌机：MC004 - XQ - 2B 型金相试样镶嵌机（以下简称镶嵌机），如图 7 - 8 所示，适用于对不是整形、不易于拿的微小金相试样进行热固性塑料压制。成型后可

图 7 - 8　金相镶嵌机

方便地进行试样磨抛操作，也有利于在金相显微镜下进行显微组织测定。

本机系机械式镶嵌机，旋转机体外手轮，通过一对伞齿轮带动机体内丝杆使压制试样的下模在钢模套内上下移动，热固性塑料连同镶嵌的试样在加热的条件下成型。试样制备过程中的成型压力由固定在系统内的弹簧自动补偿、试样压制的压力可由信号灯给以指示。

本镶嵌机配置数显温控器，从而实现了实时温度显示和温度自主设定；配置定时器，又从而实现了制样的半自动化，大大提高了工作效率。每次镶嵌制样时间 8 ~ 10 min，温度调节范围为 100 ~ 180℃，可获得光滑如镜的理想试样。

四、实验内容及操作步骤

1. 了解试样制备的基本流程及相关设备的工作原理。
2. 每人随机选取一个试样毛坯，制备一个合格的试样。
3. 用金相显微镜观察组织，并绘出显微组织示意图。
4. 将制备好的金相试样放入实验室的干燥器皿内。
5. 实验完毕后清理仪器设备。

五、实验记录

金相组织＿＿＿＿＿＿＿＿＿＿

放大倍数＿＿＿＿＿＿＿＿＿＿

浸 蚀 剂＿＿＿＿＿＿＿＿＿＿

六、实验报告内容及要求

1. 画出所制备金相试样(浸蚀后)的显微组织示意图，并用引线标出其组织组成物的名称，记录浸蚀剂、放大倍数、组织类型。
2. 分析和判别所观察到金相显微组织的类型、各组成相的相对量、金属材料的类别或牌号，写出分析过程及其结果。
3. 回答下面各题：
(1)在金相显微镜下能否观察到金相试样磨面的外形轮廓和全貌？为什么？
(2)为什么未经制备过的金属材料在金相显微镜下观察不到其显微组织？

实验八　常用金属材料的火花鉴别与特征分析

一、实验目的

1. 了解火花形成的基本原理,熟悉火花鉴别法的基本操作和观察方法。

2. 了解定量金相分析仪器的使用,加强对材料成分的理解,培养学生的观察能力、实际动手能力和综合分析能力。

二、实验概述

1. 火花形成原理

钢铁材料火花鉴别法是利用钢铁材料在磨削过程中产生的物理化学现象判断其化学成分的方法。钢材与高速旋转的砂轮接触时,由于与砂轮的摩擦产生高温,并被切削成细小的钢末高速抛出,由于温度高,在运行过程中产生剧烈氧化,加上与空气的摩擦,使之处在熔融状态,故钢末的运动呈现出明亮的线条,这就是火花的流线。高温运行的钢末被空气氧化,在表面形成一层 FeO 薄膜。钢中的碳在高温下极易与氧发生反应,$FeO + C \longrightarrow Fe + CO$,使 FeO 还原,被还原的 Fe 将再次被氧化,然后再次被还原,这种氧化 – 还原反应循环进行,会不断产生出 CO 气体,在钢末中积聚一氧化碳的压力超过一定值时,会突破氧化膜而逸出,因而形成爆花。钢中的碳是形成火花的基本元素,对加有各种合金元素的合金钢,因合金元素的不同作用,也将影响流线的颜色和爆花形态。因此,可根据流线和爆花的形状、色泽,鉴别各类钢材的成分。

2. 火花各部分名称及特征

火花束:钢材在砂轮上磨削时所产生的火花束分为三个部分,即根部火花、中部火花、尾部火花,如图 8 – 1 所示。中部火花为火花最密集的一段,从这部分火花可看出钢中含碳量

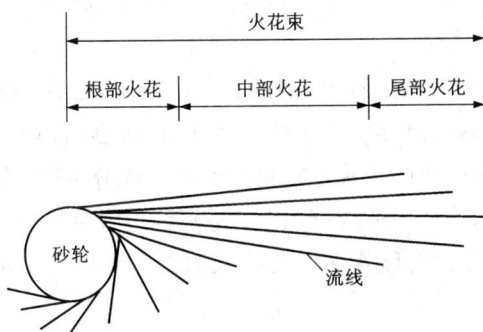

图 8 – 1　火花束

的多少，根据尾部火花的形状可判断钢中所含有的合金元素。

流线：线条状火花称为流线。流线通常有三种，如图 8 − 2 所示。

直线流线：碳素钢及含有少量合金元素的合金钢都具有此流线。

断续流线：它常呈暗红色或暗橙色。一般含有钨、多量的镍、铜的合金钢和灰铸铁有这种火花。

波浪流线：在碳素钢或合金钢火花鉴别时，偶然产生。一般为红橙或橙色。

节点、芒线、爆花：如图 8 − 3 所示。

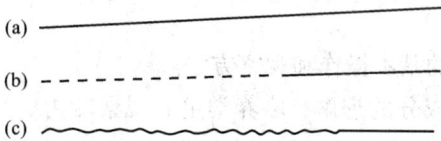

图 8 − 2　流线的类型

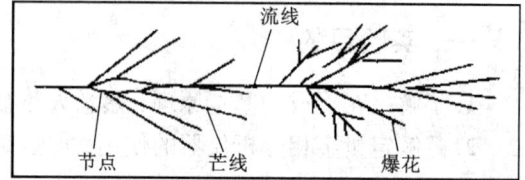

图 8 − 3　节点、芒线和爆花

节点：火花中流线爆裂处，呈明亮而稍肥的亮点。

芒线：在节点爆裂处发射出来的流线称为芒线。

花粉：芒线中途又生节点并又射出芒线，散在芒线间的点状火花称为花粉。

爆花：由芒线爆裂形成的花为爆花。爆花是碳元素专有的火花特征，随碳含量、温度、氧化性及钢的组织等因素的改变而变化，对钢的火花鉴别很重要。

由芒线、节点、花粉构成的爆花可分一次、二次、三次及多次爆花，如图 8 − 4 所示。

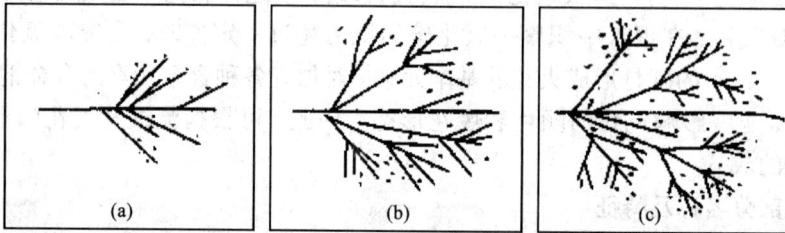

图 8 − 4　爆花的形成
(a)一次花；(b)二次花；(c)三次花

通常一次爆花是 w_c 在 0.25% 以下的低碳钢的火花特征；二次爆花是 w_c 在 0.30% ~ 0.60% 的中碳钢的火花特征；三次爆花和多次爆花是 w_c 大于 0.6% 的高碳钢具有的火花特征。

尾花：尾花是流线尾部火花的统称。随钢材的化学成分不同，尾花可分为下列几种：

羽尾花：为铸铁火花的特征。流线细而短，呈橙红色或暗红色，如图 8 − 5(a)所示。

直羽尾花：为碳含量较少的碳素钢，芒线成直线，亮白色、稍带橙色，如图 8 − 5(b)所示。

竹叶尾花：如图 8 − 5(c)所示，是钼元素的特征。含钼越多，竹叶和流线脱离越远，流线呈橙红色。

苞状尾花：如图8－5(d)所示，是铬钼钢和高锰钢的特征。形状像喇叭花，色黄，有时呈橙红。

狐尾尾花：如图8－5(e)所示，其长度及数量随钢中钨含量的增加而递减，色泽也由橙红—暗橙—暗红。

菊状尾花：如图8－5(f)所示，是铬钢的特征。流线末端裂成菊花形状，芒线和节花分叉极多，花粉密，分叉上有小花，色泽橙黄。

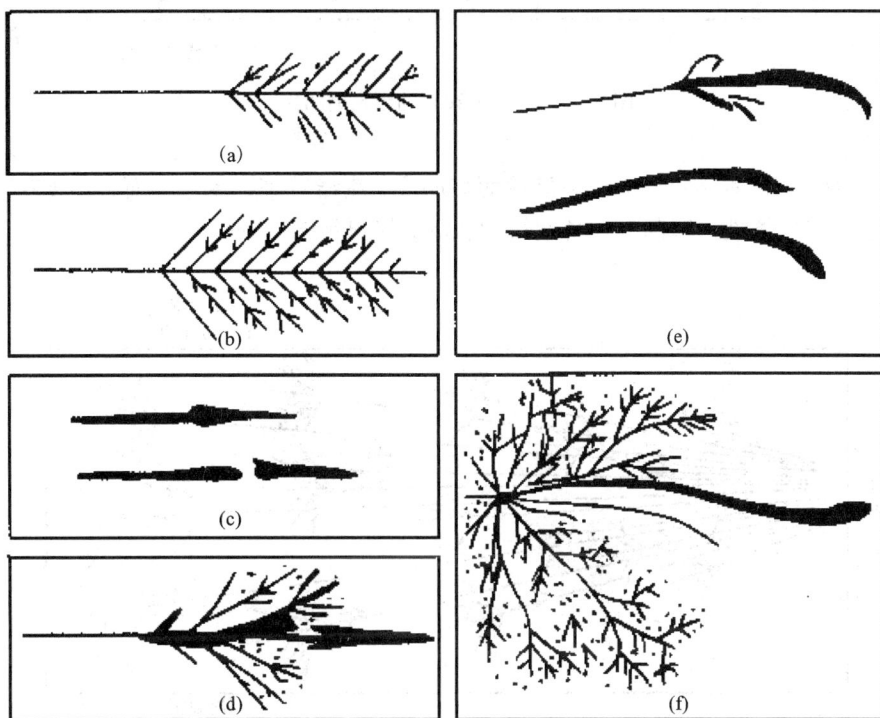

图8－5　尾花

(a) 羽尾花；(b) 直羽尾花；(c) 竹叶尾花；(d) 苞状尾花；(e) 狐尾尾花；(f) 菊状尾花

色泽和光辉度：整个火花束或某部分火花的颜色和其明暗程度称为色泽和光辉度。根据火花束的色泽和光辉度的不同，可判别钢中合金元素的种类和碳的质量分数。

综上所述，依据火花束中的流线、节点、爆花、尾花、色泽和光辉度等，确定钢的种类、碳含量及合金元素含量。

3. 常用钢的火花图例

(1)碳素钢火花特征

随着钢中碳含量的增加，流线形式由挺直转向抛物线，流线逐渐增多，火束长度逐渐缩短，粗流线变细，芒线逐渐细而短，由一次爆花转向多次爆花，花的数量和花粉也逐渐增多，光辉度随着碳含量的升高而增加，砂轮附近的晦暗面积增大。在砂轮磨削时，手感也由软而渐渐变硬。

$w_c = 0.20\%$ 的碳素钢：火花流线多，略呈弧形。火束长，呈草黄色，带红，芒线稍粗。爆花呈多分叉，一次爆花，如图8－6所示。

53

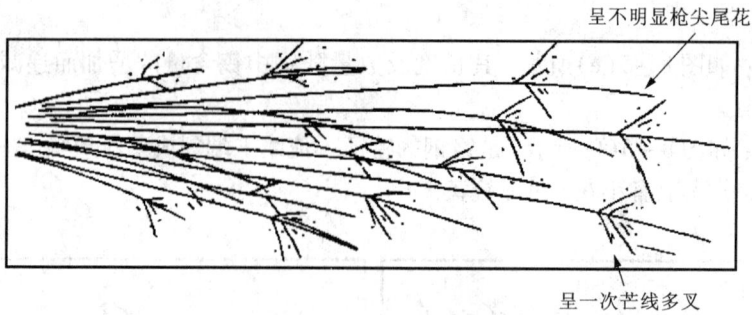

呈不明显枪尖尾花

呈一次芒线多叉

图 8 - 6　$w_c = 0.20\%$ 的碳素钢的火花

　　$w_c = 0.40\%$ 的碳素钢：整个火束呈黄而略明亮，流线较细、多分叉而长，爆花接近流线尾端，呈多叉二次爆裂。磨削时手感反抗力较弱，如图 8 - 7 所示。

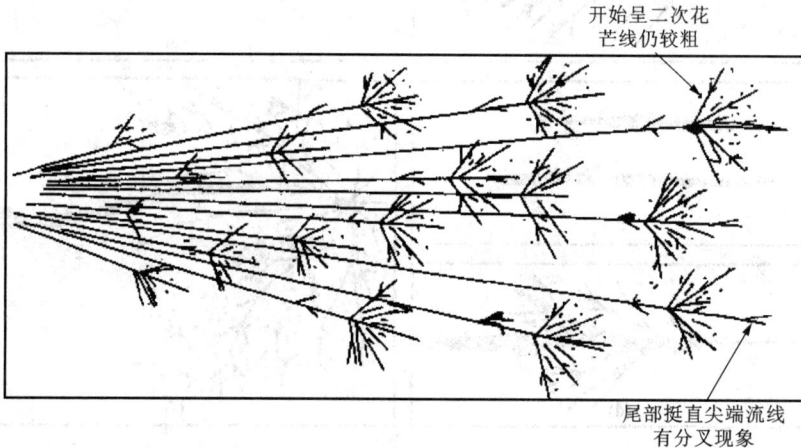

开始呈二次花
芒线仍较粗

尾部挺直尖端流线
有分叉现象

图 8 - 7　$w_c = 0.40\%$ 的碳素钢的火花

　　$w_c = 0.77\%$ 的碳素钢：火束橙红带暗色，流线细，多而密，形状直而短，射力强，爆花呈多分叉、三次爆裂，芒线细密，花粉较多。磨削时手感稍硬，如图 8 - 8 所示。

　　$w_c = 1.2\%$ 的碳素钢：火束短粗，呈暗红色，流线多，细而密，爆花为多次爆裂，花量多并重叠，碎花、花粉量多。磨削时手感较硬，如图 8 - 9 所示。

　　（2）合金钢的火花特征

　　中碳铬钢：火束白亮。流线较同碳量的碳素钢要粗，量多。爆花属二次花，爆花核附近有明亮节点。芒线较长，明晰可分。花形较大，如图 8 - 10 所示。

　　硅锰弹簧钢：火束呈橙红色而微暗，根部为暗红色。流线粗、短，量多。爆花为二次爆裂，形小而稀散。芒线短而少，如图 8 - 11 所示。

　　高速钢：火束细长，呈赤橙色，发光暗。流线呈断续状，较长，量稀少，色较暗，膨胀性差，尾部呈短的狐尾尾花，如图 8 - 12 所示。磨削时手感硬。

爆花为多叉多次多层复花,
量多而密,芒线细密,附有花粉

尾部挺直,尖端流线有分叉

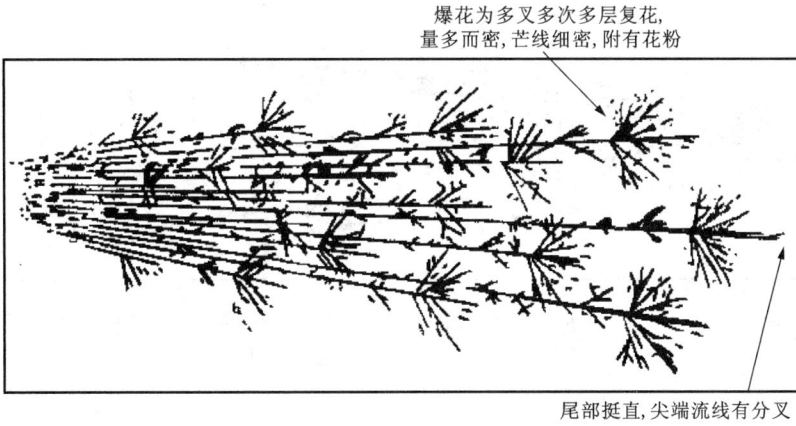

图 8 - 8　w_c = 0.77% 的碳素钢的火花

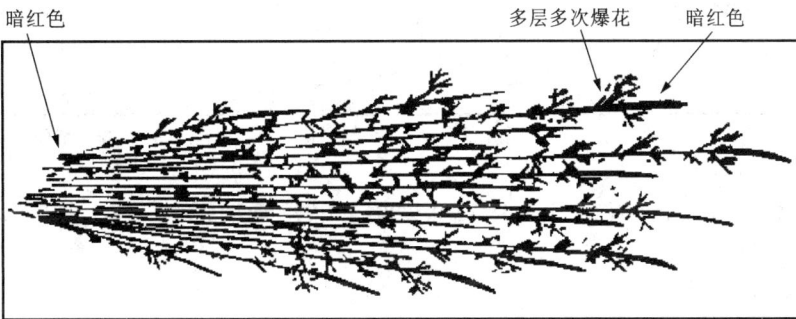

暗红色　　　　　　　　　多层多次爆花　　暗红色

图 8 - 9　w_c = 1.2% 的碳素钢的火花

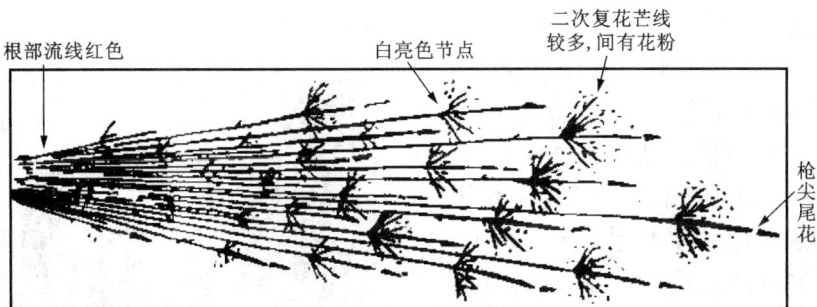

根部流线红色　　　白亮色节点　　二次复花芒线
较多,间有花粉

枪尖尾花

图 8 - 10　中碳铬钢的火花(含碳 0.40%；含铬 1%；含锰 0.7%)

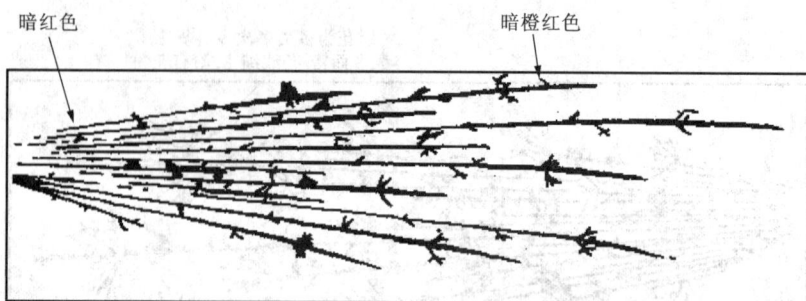

图 8 - 11　硅锰弹簧钢的火花(含碳 0.60% ;含硅 1.5% ~2% ;含锰 0.8%)

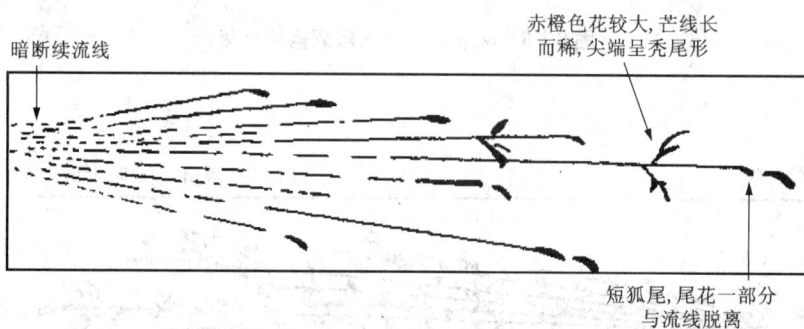

图 8 - 12　高速钢的火花(含碳 0.42% ;含钨 8% ~10% ;含铬 1.5% ~2% ;含钒 0.2%)

（3）灰铸铁的火花特征

火花束细而短,尾花呈羽状,色泽为暗红色。

三、实验设备及材料

1. 砂轮机。

2. 标准试样一套。

3. 材料：20、45、T12、40Cr、W18Cr4V、铸铁等试样。

砂轮机：砂轮机的外形如图 8 - 13 所示。其主要由基座、砂轮、电动机或其他动力源、托架、防护罩和给水器等所组成。砂轮设置于基座的顶面,基座内部具有容置动力源的空间,动力源传动一减速器,减速器具有一穿出基座顶面的传动轴供固接砂轮,基座对应砂轮的底部位置具有一凹陷的集水区,集水区向外延伸一流道,给水器是设于砂轮一侧上方,给水器内具

图 8 - 13　砂轮机

56

有一盛装水液的空间,且给水器对应砂轮的一侧具有一出水口。具有整体传动机构精简完善、研磨过程方便顺畅及研磨效能高的功效。

砂轮较脆,转速很高,使用时应严格遵守安全操作规程:①砂轮机的旋转方向要正确,只能使磨屑向下飞离砂轮;②砂轮机启动后,应在砂轮机旋转平稳后再进行磨削,若砂轮机跳动明显,应及时停机修整;③砂轮机托架和砂轮之间应保持 3 mm 的距离,以防工件扎入造成事故;④磨削时应站在砂轮机的侧面,且用力不宜过大。

四、实验内容及操作步骤

1. 了解砂轮机的构造、原理、使用方法、操作规程和安全注意事项。

2. 从被选材料中选 5 个试样,利用砂轮机磨削产生火花,认真观察其火花形状、颜色,并将火花现象描绘下来,对比分析后确定材料的类别。

五、实验注意事项

1. 砂轮转速不宜太快或太慢(2800 ~ 4000 r/min)。

2. 钢材与砂轮接触时压力适中。

3. 不宜在太暗处,以免造成视觉的估计错误。最好有黑背景下,试验者站在背光处,可增加分辨能力。

4. 钢材接触砂轮时,不要用力过猛,最好两人配合观察。

六、实验报告内容及要求

1. 描绘所观察到材料的火花特称(包括火花形状、颜色),根据已学过的知识,分析和判断材料的类别。

2. 在碳素钢的火花鉴别时,随着碳含量的增加,火花中的流线、爆花等,在形状、数量、色泽等方面各有什么变化?

3. 简述钢材火花鉴别时的流线和爆花是如何形成的。

实验九　材料的冲击韧度测试与断口分析

一、实验目的

1. 熟悉冲击韧度的含义。

2. 掌握冲击韧度的测定方法。

3. 测定低碳钢、中碳钢和铸铁三种材料的冲击韧度 a_{KU} 值，通过对不同材料的冲击韧度测试，进一步熟悉和掌握材料的成分、组织和性能之间的关系。

4. 观察分析低碳钢、中碳钢和铸铁三种材料在常温冲击下的破坏情况和断口形貌，分析其形成原因。

二、实验概述

冲击韧度 a_{KU} 表示材料在冲击载荷作用下抵抗变形或断裂的能力。a_{KU} 值的大小表示材料韧性的好坏。一般把 a_{KU} 值低的材料称为脆性材料，a_{KU} 值高的材料称为韧性材料。

a_{KU} 值取决于材料及其状态，同时与试样的形状、尺寸有很大关系。a_{KU} 值对材料的内部结构缺陷、显微组织的变化很敏感，如夹杂物、偏析、气泡、内部裂纹、钢的回火脆性、晶粒粗化等都会使 a_{KU} 值明显降低；同种材料的试样，缺口越深、越尖锐，缺口处应力集中程度越大，越容易变形和断裂，冲击吸收功越小，材料表现出来的脆性越高。因此不同类型和尺寸的试样，其 a_{KU} 或 A_{KU} 值不能直接比较。

材料的 a_{KU} 值随温度的降低而减小，且在某一温度范围内，a_{KU} 值发生急剧降低，这种现象称为冷脆，此温度范围称为"韧脆转变温度（T_k）"。

冲击吸收功对于检查金属材料在不同温度下的脆性转化最为敏感，而实际服役条件下的灾难性破断事故，往往与材料的冲击吸收功及服役温度有关。因此在有关标准中常常规定某一温度时的冲击吸收功值为多少、还规定 FATT（断口面积转化温度）要低于某一温度的技术条件。所谓 FATT，即一组在不同温度下的冲击试样冲断后，对冲击断口进行评定，当脆性断裂占总面积的 50% 时所对应的温度。

工程上常用一次摆锤冲击弯曲试验来测定材料抵抗冲击载荷的能力，即测定冲击载荷试样被折断而消耗的冲击吸收功 A_{KU}，单位为焦耳（J）。

而用试样缺口处的截面积 S 去除 A_{KU}，可得到材料的冲击韧度（冲击值）指标，即 $a_{KU} = A_{KU}/S$，其单位为 kJ/cm^2 或 J/cm^2。冲击韧度指标的实际意义在于揭示材料的变脆倾向。

一次冲击弯曲试验是测定金属材料冲击韧度的常用方法。摆锤式冲击试验的原理如图 9-1 所示，它是将具有一定形状和尺寸的金属试样放在冲击试验机的支座上，再将具有一定重量的摆锤提升到一定高度，使其具有一定的势能，然后让摆锤自由下落将试样冲断。摆锤冲断试样时所消耗的能量即为冲击吸收功 A_{KU}，A_{KU} 值的大小则代表了金属材料韧性的高低。但习惯上仍采用冲击韧度值 a_{KU} 来代表金属材料的韧性。冲击韧度 a_{KU} 是用冲击吸收功 A_{KU} 除以试样缺口处的横截面积 S 来表示的。

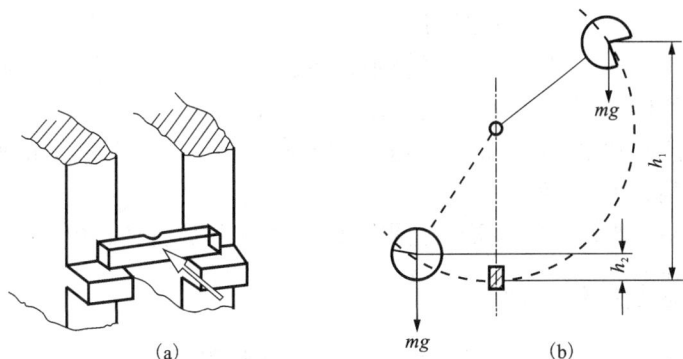

图 9 – 1　摆锤式冲击试验原理示意图

（a）试样安放位置；（b）摆锤式冲击试验机简图

试样开缺口的原因，是为了使缺口区形成高度应力集中，使冲击功的绝大部分被缺口区所吸收。因此，底部越尖锐越能体现这一要求。安放时，试样缺口应背向摆锤冲击方向，冲击时，试样受弯且缺口一侧受拉，这样应力更容易集中于缺口处。

三、实验仪器设备及材料

1. 实验设备：JB – 300B 摆锤式冲击试验机，游标卡尺。

2. 材料：① 10 mm × 10 mm × 55 mm 带 U 形缺口的 20 钢试样；

②10 mm × 10 mm × 55 mm 带 U 形缺口的 45 钢试样；

③10 mm × 10 mm × 55 mm 不带 U 形缺口的铸铁试样。

摆锤式冲击试验机：电动摆锤式冲击试验机如图 9 – 2 所示。基本构造由机座 2、摆锤 7 和指示系统（刻度盘 5、指针 4）三个部分组成。摆锤的上扬、下击和制动等动作均采用按钮操纵电动机来完成。

冲击试验机的操作方法及注意事项：

（1）检查设备是否动转正常。检查摆锤空打时被动指针是否指零位，其偏离不应超过最小刻度的四分之一，出现问题应及时排除。

（2）检查试样有无缺陷，用游标卡尺测量试样缺口处的断面尺寸，并记录下测量数据。

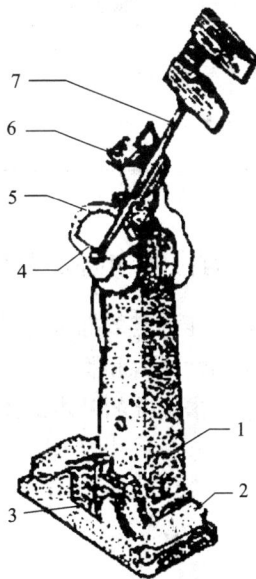

图 9 – 2　电动摆锤式冲击试验机

1—电源开关；2—机座；3—支座；4—指针；
5—刻度盘；6—电磁铁；7—摆锤

（3）按数字键"1"取摆：摆锤逆时针转动，将摆锤举至初始高度位置；将刻度盘上的指针拨至该机最大刻度位置（即刻度的左边极限位置），使摆锤处于冲击前的预备状态。

（4）将冲击试样放在两个钳口支架上，紧靠钳口，并使试样上带缺口的一面背对着摆锤的刃口。

（5）按数字键"2"退销：保险销退销。

（6）按数字键"3"冲击：摆锤靠自重绕轴开始进行冲击，冲击完毕摆锤自动回到初始位置。从刻度盘上读取该试样冲击吸收功值 A_{KU}，并作好记录。

（7）按数字键"4"放摆：保险销自动退销，当摆锤转至接近垂直位置时便自动停摆。

（8）冲击完毕后，切断电源。

（9）摆锤抬起后，严禁在摆锤摆动范围内站立、行走和放置障碍物。

四、实验内容及操作步骤

1. 了解冲击试验机的构造、原理、使用方法、操作规程。
2. 测定 20 钢、45 钢和铸铁的冲击吸收功，并观察断裂面的形貌。
3. 计算 20 钢、45 钢和铸铁的冲击韧度。

五、实验记录

表 9－1　冲击实验结果记录

材料	试样缺口处横截面积 S/cm^2	冲击吸收功 A_{KU}/J	冲击韧度 $a_{KU}/(J \cdot cm^{-2})$
20			
45			
铸铁			

六、实验报告内容及要求

1. 根据性能测定数据进行处理，求出最终结果。
2. 简述韧性材料和脆性材料的断口特征。
3. 简述冲击试验的基本原理。

实验十　材料的显微组织与显微硬度分析

一、实验目的

1. 熟悉金相显微分析方法的基本原理与工艺过程，掌握金相显微分析设备的操作方法与应用。

2. 掌握各类工程材料的金相显微组织形态及其相组成的结构、性能、分布。

3. 了解显微硬度计、视频显微分析装置的结构、组成以及在金相显微分析中的应用。

二、实验概述

材料的内部形貌称为组织，组织是由相构成的。相是指合金中具有相同的化学成分和结构、且相互之间有界面分开的均匀的组成部分，相与相之间存在有明显的界面。若合金是由化学成分、结构都相同的同一种晶粒构成的，各晶粒间虽有界面分开，但仍属于同一种相；若合金是由化学成分、结构都不相同的几种晶粒构成的，则属于不同的几种相。例如，纯铁在常温下是由单相的 α – Fe 组成的；铁与碳形成铁碳合金时，由于铁与碳之间的相互作用会形成一种化合物 Fe_3C，这种 Fe_3C 的成分、结构与 α – Fe 完全不同，因此，在铁碳合金中就出现了一个新相 Fe_3C，称为渗碳体。

合金的性能一般都是由组成合金的各相的成分、结构、形态、性能和各相的组合情况所决定的。因此，在研究合金的组织与性能之前，必须先了解合金组织中的相结构。

如果把合金加热到熔化状态，则组成合金的各组元即相互溶解成均的溶液。但合金溶液经冷却结晶后，由于各组元之间相互作用不同，固态合金中将形成不同的相结构，合金的相结构可分为固溶体和金属化合物两大类。不同的合金相具有不同的硬度，几种常见碳化物的显微硬度如表 10 – 1 所示。

表 10 – 1　几种常见碳化物的显微硬度

碳化物类型	TiC	ZrC	VC	NbC	TaC	WC	Mo_2C	$Cr_{23}C_6$	Fe_3C
显微硬度/HV	2850	2840	2010	2050	1550	1730	1480	1650	800

金相显微分析是研究工程材料内部组织结构和性能的主要方法之一，特别是在金属材料的研究领域占有很重要的地位。

金相显微镜和显微硬度计是进行金相显微分析的主要工具，利用金相显微镜和显微硬度计在专门制备的金相试样上观察材料的组织结构和缺陷，并测定各组成相性能的方法称为金相显微分析。金相显微分析可以研究材料的组织形貌、晶粒大小、非金属夹杂物等在组织中的数量、分布情况、性能（显微硬度）等问题，即可以研究材料的组织结构与化学成分、性能（显微硬度）之间的关系，确定各类材料经不同加工工艺处理后的金相显微组织、相的组成及其性能（显微硬度），可以判别材料的合金成分和质量优劣等。

通过对金相显微组织的形态、特征及其组成进行分析，并且针对金相显微组织的相组成及其相关相的显微硬度测定，掌握材料的组织对性能的影响，加深对材料成分、组织、性能、应用之间关系的理解，以便更好地掌握零件、工具的选材及加工、热处理工艺的制订方面的知识和技能；在认真做好金相试样的基础上，利用金相显微镜、显微硬度计等设备，对所制样品进行金相组织的观察、分析和各组成相的显微硬度测定；根据已学过的知识，确定所做试样金相显微组织的类型和基本组成，并根据金相显微组织的形态、组成和分布等情况大致判断材料的牌号或种类。

三、实验设备及材料

1. 设备：HXD—1000TMB 视屏显示自动转塔显微硬度计

2. 材料：退火态的亚共析钢、过共晶白口铁、铸铁、有色金属、硬质合金等

HXD—1000TMB 视屏显示自动转塔显微硬度计：

HXD—1000TMB 视屏显示自动转塔显微硬度计（以下简称显微硬度计）是一种由精密机械、光学系统和专用微处理机——HMIS 型多功能数据处理机（简称数据处理机）与 CCD、监视器组合而成的测定仪器。用途主要有两种：一种是单独测定硬度，即用于测定比较光洁表面的细小或片状的零件和试样的硬度，测定电镀层、氮化层、渗碳层和氰化层等零件的表层的硬度，以及测定玻璃、玛瑙等脆性材料和其他非金属的硬度；二是作金相显微镜用，即用以观察和拍摄材料的显微组织，并测定其相组织的显微硬度。

（1）HXD—1000TMB 视屏显示自动转塔显微硬度计的组成与结构

HXD—1000TMB 视屏显示自动转塔显微硬度计外型如图 10 - 1 所示。由监视器显示屏 1、主机 2、微型打印机 3 三大部分组成。

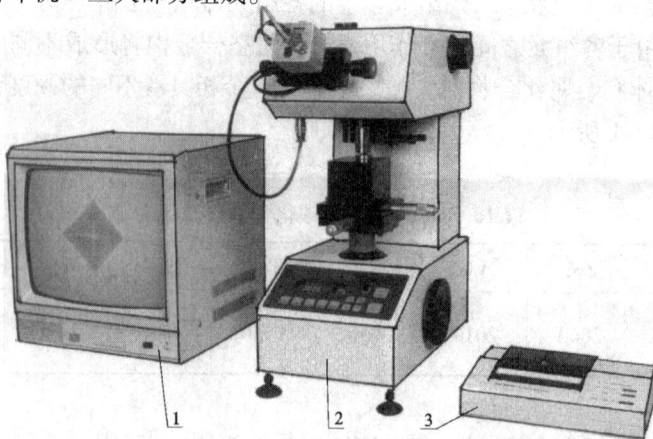

图 10 - 1　HXD—1000TMB 视屏显示自动转塔显微硬度计外型图

1—监视器显示屏；2—主机；3—微型打印机

仪器的主机(如图 10 - 2 所示)由工作台升降系统；压头、物镜塔台转换与全自动加荷机构；摄影、转像照明系统；15X 带光栅的测微目镜系统 9 四大独立部件与主体 2 连接而成。嵌入式电器操作面板 5 固定在主机正前下方舒适观察位置，抽屉式电器控制箱固定在主机后方下面，由两只抽屉式电器箱把手从主体 2 内抽出，便于安装、检修。主机由三只安平调节螺钉 1 支持着，通过调节安平调节螺钉 1 使主机工作台上的附件小水平仪的水泡居中，使主机呈水平工作状态供操作者正常使用。

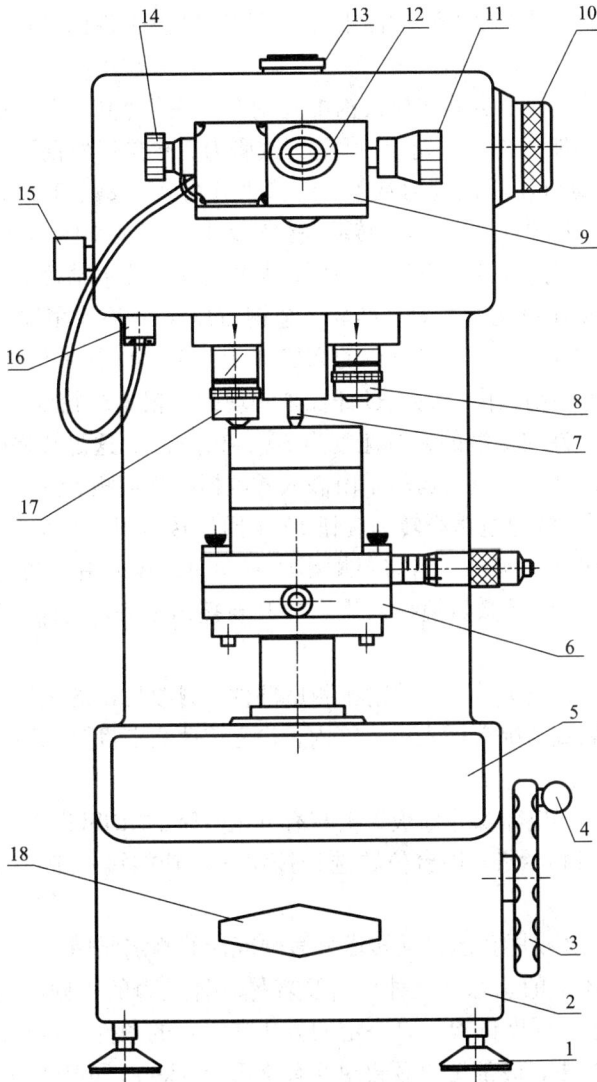

图 10 - 2　HXD - 1000TMB 视屏显示自动转塔显微硬度计主机示意图

1—安平调节螺钉；2—主体；3—升降微调手轮；4—升降粗调手柄；5—嵌入式电器操作面板；6—工作台；7—金刚石压头；8—10X 物镜；9—15X 带光栅的测微目镜；10—加荷调节手轮；11—测微读数手轮；12—目镜视度调节圈；13—摄影防尘罩；14—测微移动手轮；15—摄影转动旋钮；16—插座；17—40X 物镜；18—标牌

工作台升降系统由一对伞齿轮和高精度丝杆螺母传动部分和升降轴套等组成。伞齿轮采用4:1传动，使升降轴缓慢地上下移动，升降微调手轮3转动一圈，升降轴只上升0.75 mm，快速摇动升降粗调手柄4可使工作台迅速升降，以便适合不同高度的被测工件，微微地转动降微调手轮3，工作台6就缓慢上下便于显微镜进行调焦，工作台升降系统将粗、微动合在一起，结构紧凑，操作方便。

工作台6安置在升降轴上面，分X-Y两个直角坐标方向，旋转X-Y向微分筒可以使工作台6沿X-Y移动，以便在测微目镜试场里能迅速找到被测工件需要测定硬度的部位。工作台6上两只M4螺孔是用以安装附件用的，可根据被测工件的具体情况选择不同附件安装固定。

压头、物镜塔台转换与全自动加荷机构由金刚石压头组、10X和40X物镜组、全自动加卸荷机构等组成。转动加荷调节手轮10可变更试验力，并在仪器前下方嵌入式电器操作而板5上的"DISPLAY"窗口显示试验力数值，试验力分为0.0981、0.2452、0.4903、0.9807、1.961、2.492、4.903、9.807(N)八档。转动塔台转动把手可使10X、40X物镜和金刚石压头顺、逆时针转换至仪器正前方的工作位置，采用精密纲球簧片组精确定位能发出正确位置的金属声音。全自动加卸荷机构由杠杆、凸轮、金钢石压头组及程序控制的微型电动机等组成，凸轮每转一周为30 s，表示30 s内自动完成加荷、卸荷的全过程(保荷时间不计在内)，金刚石压头组的上、下移动是由凸轮通过杆杠来实现的。根据凸轮设计参数和杆札比，金刚石角锥体比头与被测工件的接触的瞬时速度为30~40 μm/s，这足够慢的加荷速度是显微硬度试验必不可少的条件之一。整个运动是由嵌入式电器操作面板5通过程序控制的。

摄影、转像、照明系统通过摄影转动旋钮15来回旋转实现，系统内的照明亮暗可由主机后下方的照明调节旋钮旋动实现。当需要摄影或照相时，旋下摄影防尘罩13，换上摄影接筒，然后将SDE—100数码显微目镜插入摄影接筒与接筒平齐，具体拍摄方法见Photostudio图像编辑使用说明。

15X带光栅的测微目镜9是独立的精密测量部件，测微目镜的镜管上铣有弹性槽，因此可以在没有任何固紧装置情况下插入目镜管内，并可转动测定目镜视场内压痕的两个对角线长度。

主机正前下方嵌入式电器操作面板5上装有五位数字的"DISPLAY"显示屏，两位数字的"DWELL"显示屏，以及指示灯、塔台位置选择按钮S与功能操作键等。键盘功能具体见表10-2。

(2)HXD—1000TMB视屏显示自动转塔显微硬度计的测定原理

"硬度"在应用技术上的意思是一种材料受着另一种受力的更硬的物体压入所呈现的阻力大小。出于这一概念，硬度试验是以一定的方法在一定的条件下进行的，显微硬度试验是一种微观的静态试验方法。最常见的显微硬度有维氏(Vickers)和努普(Knoop)两种。显微硬度计则是通过光学放大，测出在一定试验力下的金刚石角锥体压头压入被测物后所残留的压痕的对角线长度来求出被测物的硬度。硬度值计算公式如下：

表 10 – 2 键盘功能

键	功 能	作 用
ZERO	测试复零	开机后，测微目镜中当两个十字线重合时复零，显示为 0
HARDNESS	硬度值测量	当通过按 IIARDNESS 键，两次输入压痕对角线长度后，显示相应硬度值数据
N H	HARDNESS 值输入	输入后，显示注入次数
	剔除选择	在按 DELET 键后，显示已测各点硬度值序号
	平均值运算	显示 N 点已测硬度值的平均值
ΔH/H	均匀度运算	显示 N 点已测硬度值的均匀度
DELET	剔除键	配合 N 键作为剔除已测某点硬度值用
TIME	保荷时间设定	设保荷时间
S	塔台位置选择按钮	控制塔台完成 40X 物镜、金刚石压头、10X 物镜的转换
START	加荷控制	完成一次加荷
1/40	实长显示	显示压痕对角线测量实际长度
PRINT	打印	打印全部数据
RESET	复位	计算复位用，并显示负载数值(仪器出错或干扰可按 RESET 键或关机重开)

①用维氏压头

$$HV = 0.102 \times \frac{F}{S} = 0.102 \times \frac{2F\sin\frac{\alpha}{2}}{d^2} = 0.102 \times \frac{1.8544F}{d^2} = 0.1891 \times \frac{F}{d^2}$$

式中：HV——维氏硬度值；

F——试验力，N；

S——压痕面积，mm^2；

d——压痕对角线长度，mm；

α——压头相对面夹角，136°。

试验力 F 由于执行法定计量单位"N"，所以在公式中有"0.102"这一常数，常数 = 1/9.80665 = 0.102。

②用努普压头

$$HK = 0.102 \times \frac{F}{S} = 0.102 \times \frac{2F\operatorname{tg}\frac{\alpha}{2}}{d^2\operatorname{tg}\frac{\beta}{2}} = 0.102 \times \frac{14.229F}{d^2} = 1.451 \times \frac{F}{d^2}$$

式中：HK——努普硬度值；

S——压痕面积，mm^2；

d——压痕对角线长度，mm；

α——压头第一对棱夹角，172°30′；

β——压痕第二对棱夹角，130°；

"0.102"这一常数 = 1/9.80665。

（3）HXD—1000TMB 视屏显示自动转塔显微硬度计的操作方法

试验前的准备工作：

①清理试样表面，使被测表面无油脂、氧化皮、裂纹、凹坑、显著的加工痕迹以及其他外来污物等。

②根据被测材料的种类，选择压头及载荷，再根据试样的形状和大小选择合适的工作台，并将主机面板上的按键设置到需要的状态。

正式试验：

通过主机的调试，确定主机处于正常工作状态后才能测定被测工件。

①根据被测工件的实际高度，将升降粗调手柄 4 摇至合适位置。

②按塔台位置选择按钮 S，40 × 物镜 17 自动转至主机正前方正确位置（可听到清脆的金属声音）。

③转动升降粗调手柄 4 使试样升高至离物镜端而约 1 mm 处，随后缓慢转动升降微调手轮 3 可以看到视场逐渐变得明亮，直到看到试样的物平面像调到最清晰为止。若发现测微目镜视场内的十字叉线不清晰的话，应先调节目镜视度调节圈 12，将测微目镜视场内十字叉线调到最清晰位置，再进行物平面的调焦。

④按加荷操作键 START，塔台将自动完成以下过程：

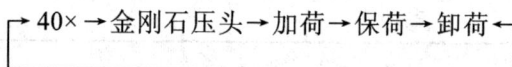

$$40× \rightarrow 金刚石压头 \rightarrow 加荷 \rightarrow 保荷 \rightarrow 卸荷$$

程序完毕后 40 × 物镜 17 自动转至主机正前方正确定位的位置。

⑤从测微目镜的视场中央能清晰看见试样表面上的棱形压痕像，旋转测微读数手轮 11 使目镜视场内的两块分划板的黑点与直线均重合，然后按功能键 ZERO，显示器复零（在测量过程中，如改变试验力后按 RESET 键），测微目镜重新归零，按功能键 ZERO，"DISPLAY"显示屏复零。

⑥旋转测微移动手轮 14 使目镜内重合的黑点的中心对准试样表面上的棱形压痕像的左侧顶点，旋转测微读数手轮 11 使目镜视场内另一块分划板的黑点向右移动，对准试样表面上的棱形压痕的右端，见图 10 – 3 测微目镜压痕像。此时 LED 显示器上的数字即为压痕对角线 d_1 的数值，按 HARDNESS 键，则"DISPLAY"显示屏显示测得的 HV 硬度值，用监视器显示屏进行观察测量的压痕像见图 10 – 3 中监视器显示屏压痕像，放大倍率约 2000 ×，测量方法相同。

⑦旋转测微目镜可用同样的方法测得另一条对角线长度 d_2，再按 HARDNESS 键，则"DISPLAY"显示屏显示测得的 HV 硬度值。

⑧用监视器显示屏进行观察，测量的压痕像如图 10 – 3 中监视器显示屏压痕像，放大倍率约 2000 ×，测量方法相同。

⑨努普（Knoop）硬度的测定与维氏基本相同，先选择 HK 开关（1 为 HK）而努普 HK 只需测定一个方向的对角线长度（长对角线），所以测微目镜测定后请按两次 HARDNESS 键便可在"DISPLAY"显示屏显示 HK 硬度。

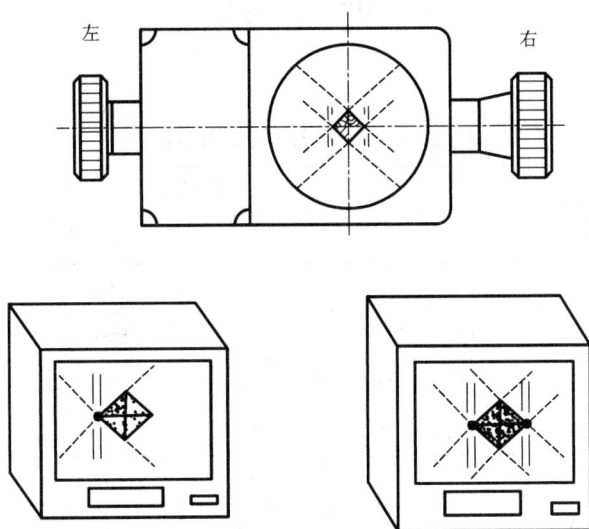

图 10 – 3　试样表面上的棱形压痕像示意图

四、实验内容及操作步骤

1. 了解本实验中所涉及的设备的工作原理、构造及操作使用。

2. 认真观察和分析材料金相显微组织的形态和基本组成，选取试样组织中典型的组成相，对其进行显微硬度测定，并根据金相分析的结果判断该相的种类和性质，标出其相应的显微硬度值。

3. 记录测定显微硬度后的显微组织图片，标注显微组织中各典型组成相的名称及压痕，并做简要说明。

五、实验注意事项

1. 在进行显微硬度测定时，应清洁好试样的表面，防止将粉尘和水分带到金相试样上。操作时要轻，并严格按照操作规程进行，以确保显微硬度计的安全运行。

2. 压痕的参数测量力求准确，并选择合适的实验规范进行测量，用后将设备恢复到初始状态，并及时关闭设备的电源，防止设备出现异常情况，遇有问题发生时应及时向指导教师报告，以便及时进行处理。

3. 在记录金相显微组织时，应仔细操作金相显微镜，并将数码显微目镜正确地插入电脑的 USB 插口上，开启摄影软件进行显微摄影，确认所拍摄的照片后用打印机输出，作为实验结果的一部分附于实验报告上。

六、实验报告内容及要求

1. 在 $\phi40$ mm 的圆内画出该试样的金相显微组织示意图，标出其组织组成物的名称，记录浸蚀剂、放大倍数、组织类型、材料名称或牌号、显微硬度值等，并附上显微组织图片。

2. 简述显微硬度的测试原理。

附　录

附录一　常用钢的临界温度表

种类	钢号	临界温度(近似值)/℃				
		A_{c1}	A_{c3}	A_{r3}	A_{r1}	M_S
优质碳素结构钢	08F, 08	732	874	854	680	
	10	724	876	850	682	
	15	735	863	840	685	
	20	735	855	835	680	
	25	735	840	824	680	
	30	732	813	796	677	380
	35	724	802	774	680	
	40	724	790	760	680	
	45	724	780	751	682	
	50	725	760	721	690	
	60	727	766	743	690	
	70	730	743	727	693	
	85	725	737	695	—	220
	15Mn	735	863	840	685	
	20Mn	735	854	835	682	
	30Mn	734	812	796	675	
	40Mn	726	790	768	689	
	50Mn	720	760	—	660	
普通低合金结构钢	16Mn	736	849~867			
	09Mn2V	736	849~867			
	15MnTi	734	865	779	615	
	15MnV	700~720	830~850	780	635	
	18MnMoNb	736	850	756	646	
合金结构钢	20Mn2	725	840	740	610	400
	30Mn2	718	804	727	627	
	40Mn2	713	766	704	627	340
	45Mn2	715	770	720	640	320

续表

种类	钢号	临界温度(近似值)/℃				
		A_{c1}	A_{c3}	A_{r3}	A_{r1}	M_S
	25Mn2V		840			
	42Mn2V	725	770			330
	35SiMn	750	830		645	330
	50SiMn	710	797	703	636	305
	20Cr	766	838	799	702	
	30Cr	740	815		670	
	40Cr	743	782	730	693	355
	45Cr	721	771	693	660	
	50Cr	721	771	693	660	250
	20CrV	768	840	704	782	
	40CrV	755	790	745	700	218
	38CrSi	763	810	755	680	
	20CrMn	765	838	798	700	
	30CrMnSi	760	830	705	670	
合金	18CrMnTi	740	825	730	650	
结构钢	30CrMnTi	765	790	740	660	
	35CrMo	755	800	750	695	271
	40CrMnMo	735	780		680	
	38CrMoAl	800	940		730	
	20CrNi	733	804	790	666	
	40CrNi	731	769	702	660	
	12CrNi3	715	830		670	
	12Cr2Ni4	720	780	660	575	
	20Cr2Ni4	720	780	660	575	
	40CrNiMo	732	774			
	20Mn2B	730	853	736	613	
	20MnTiB	720	843	795	625	
	2MnVB	720	840	770	635	
	45B	725	770	720	690	
	40MnB	735	780	700	650	
	40MnVB	730	774	681	639	

种类	钢号	临界温度(近似值)/℃				
		A_{c1}	A_{c3}	A_{r3}	A_{r1}	M_S
弹簧钢	65	727	752	730	696	
	70	730	743	727	693	
	85	723	737	695		
	65Mn	726	765	741	689	
	60Si2Mn	755	810	770	700	
	50CrMn	750	775			220
	50CrVA	752	788	746	688	270
	55SiMnMoVNb	744	775	656	550	305
滚动轴承钢	GCr9	730	887	721	690	
	GCr15	745			700	
	GCr15SiMn	770	872		708	
碳素工具钢	T7	730	770		700	
	T8	730			700	
	T10	730	800		700	
	T11	730	810		700	
	T12	730	820		700	
合金工具钢	6SiMnV	743	768			
	5SiMnMoV	764	788			
	9CrSi	770	870		730	
	3Cr2W8V	820~830	1100		790	
	CrWMn	750	940		710	
	5CrNiMo	710	770		630	
	MnSi	760	865		708	
	W2	740	820		710	
高速工具钢	W18Cr4V	820	1330			
	W9Cr4V2	810				
	W6Mo5Cr4V2Al	835	885	770	820	177
	W6Mo4Cr4V2	835	885	770	820	177
	W9Cr4V2Mo	810			760	

续表

种类	钢号	临界温度（近似值）/℃				
		A_{c1}	A_{c3}	A_{r3}	A_{r1}	M_S
不锈、耐酸、耐热钢	1Cr13	730	850	820	700	
	2 Cr13	820	950		780	
	3 Cr13	820			780	
	4 Cr13	820	1100			
	Cr17	860			810	
	9 Cr18	830			810	145
	Cr17Ni2	810			780	357
	Cr6SiMo	850	890	790	765	

附录二 压痕直径与布氏硬度对照表

球 直 径 D/mm					$F/D^2(0.102F/D^2)$						
					30	15	10	5	2.5	1.25	1
					试验力 F/kgf(N)						
10					3000 (29420)	1500 (14710)	1000 (9807)	500 (4903)	250 (2452)	125 (1226)	100 (980.7)
	5				750 (7355)	—	250 (1452)	125 (1226)	662.5 (612.9)	31.25 (306.5)	25 (245.2)
		2.5			187.5 (1839)	—	62.5 (612.9)	31.25 (306.5)	15.625 (153.2)	7.813 (76.61)	6.25 (61.29)
			2		120 (1177)	—	40 (392.3)	20 (196.1)	10 (98.07)	5 (49.03)	4 (39.23)
				1	30 (294.2)	—	10 (98.07)	5 (49.03)	2.5 (24.52)	1.25 (12.26)	1 (9.807)
压 痕 直 径 d/mm					布氏硬度 HBS 或 HBW						
2.40	1.200	0.6000	0.480	0.240	653	327	218	109	54.5	27.2	21.8
2.41	1.205	0.6025	0.482	0.241	648	324	216	108	54.0	27.0	21.6
2.42	1.210	0.6050	0.484	0.242	643	321	214	107	53.5	26.8	21.4
2.43	1.215	0.6075	0.486	0.243	637	319	212	106	53.1	26.5	21.2
2.44	1.220	0.6100	0.488	0.244	632	316	211	105	52.7	26.3	21.1
2.45	1.225	0.6125	0.490	0.245	627	313	209	104	52.2	26.1	20.9
2.46	1.230	0.6150	0.492	0.246	621	311	207	104	51.8	25.9	20.7
2.47	1.235	0.6175	0.494	0.247	616	308	205	103	51.4	25.7	20.5
2.48	1.240	0.6200	0.496	0.248	611	306	204	102	50.9	25.5	20.4
2.49	1.245	0.6225	0.498	0.249	606	303	202	101	50.5	25.3	20.2
2.50	1.250	0.6250	0.500	0.250	601	301	200	100	50.1	25.1	20.0
2.51	1.255	0.6275	0.502	0.251	597	298	199	99.4	49.7	24.9	19.9
2.52	1.260	0.6300	0.504	0.252	592	296	197	98.6	49.3	24.7	19.7
2.53	1.265	0.6325	0.506	0.253	587	294	196	97.8	48.9	24.5	19.6
2.54	2.270	0.6350	0.508	0.254	582	291	194	97.1	48.5	24.3	19.4
2.55	1.275	0.6375	0.510	0.255	578	289	193	96.3	48.1	24.1	19.3
2.56	1.280	0.6400	0.512	0.256	573	287	191	05.5	47.8	23.9	19.1
2.57	1.285	0.6425	0.514	0.257	569	284	190	94.8	47.4	23.7	19.0
2.58	1.290	0.6450	0.516	0.258	564	292	188	94.0	47.0	23.5	18.8
2.59	1.295	0.6475	0.518	0.259	560	280	187	93.3	46.6	23.3	18.7
2.60	1.300	0.6500	0.520	0.260	555	278	185	92.6	46.3	23.1	18.5
2.61	1.305	0.6525	0.522	0.261	551	276	184	91.8	45.9	23.0	18.4
2.62	1.310	0.6550	0.524	0.262	547	273	182	91.1	45.6	22.8	18.2
2.63	1.315	0.6575	0.526	0.263	543	271	181	90.4	45.2	22.6	18.1
2.64	1.320	0.6600	0.528	0.264	538	269	179	89.7	44.9	22.4	17.9
2.65	1.325	0.6625	0.530	0.265	534	267	178	89.0	44.5	22.3	17.8
2.66	1.330	0.6650	0.532	0.266	530	265	177	88.4	44.2	22.1	17.7
2.67	1.335	0.6675	0.534	0.267	526	263	175	87.7	43.8	21.9	17.5
2.68	1.340	0.6700	0.536	0.268	522	261	174	87.0	43.5	21.8	17.4
2.69	1.345	0.6725	0.538	0.269	518	259	173	86.4	43.2	21.6	17.3
2.70	1.350	0.6750	0.540	0.270	514	257	171	85.7	42.9	21.4	17.1
2.71	1.355	0.6775	0.542	0.271	510	255	170	85.1	42.5	21.3	17.0
2.72	1.360	0.6800	0.544	0.272	507	253	169	84.4	42.2	21.1	16.9
2.73	1.365	0.6825	0.646	0.273	503	251	168	83.8	41.9	20.9	16.8
2.74	1.370	0.6850	0.548	0.274	499	259	166	83.2	41.6	20.8	16.6

说明：1. 本附录摘自GB231—84《金属布氏硬度试验方法》。

2. 表头内"F/D"中[F]为kgf、[D]为mm，"0.102F/D^2"中[F]为N、[D]为mm。

球 直 径 D/mm					$F/D^2(0.102F/D^2)$						
10	5	2.5	2	1	30	15	10	5	2.5	1.25	1
压痕直径 d/mm					布氏硬度 HBS 或 HBW						
2.75	1.375	0.6875	0.550	0.275	495	248	165	82.6	41.3	20.6	16.5
2.76	1.380	0.6900	0.552	0.276	492	246	164	91.9	41.0	20.5	16.4
2.77	1.385	0.6925	0.554	0.277	488	244	163	81.3	40.7	20.3	16.3
2.78	1.390	0.6950	0.556	0.278	485	242	162	80.8	40.4	20.2	16.2
2.79	1.395	0.6975	0.558	0.279	481	240	160	80.2	40.1	20.0	16.0
2.80	1.400	0.7000	0.560	0.280	477	239	159	79.6	39.8	19.9	15.9
2.81	1.405	0.7025	0.562	0.281	474	237	158	79.0	39.5	19.8	15.8
2.82	1.410	0.7050	0.564	0.282	471	235	157	78.4	39.2	19.6	15.7
2.83	1.415	0.7075	0.566	0.283	467	234	156	77.9	38.9	19.5	15.6
2.84	1.420	0.7100	0.568	0.284	464	232	155	77.3	38.7	19.3	15.5
2.85	1.425	0.7125	0.570	0.285	461	230	154	76.8	38.4	19.2	15.4
2.86	1.430	0.7150	0.572	0.286	457	229	152	76.2	38.1	19.1	15.2
2.87	1.435	0.7175	0.574	0.287	454	227	151	75.7	37.8	18.9	15.1
2.88	1.440	0.7200	0.576	0.288	451	225	150	75.1	37.6	18.8	15.0
2.89	1.445	0.7225	0.578	0.289	448	224	149	74.6	37.3	18.6	14.9
2.90	1.450	0.7250	0.580	0.290	444	222	148	74.1	37.0	18.5	14.8
2.91	1.455	0.7275	0.582	0.291	441	221	147	73.6	36.8	18.4	14.7
2.92	1.460	0.7300	0.584	0.292	438	219	146	73.0	36.5	18.3	14.6
2.93	1.465	0.7325	0.486	0.293	435	218	145	72.5	36.3	18.1	14.5
2.94	1.470	0.7350	0.588	0.294	432	216	144	72.0	36.0	18.0	14.4
2.95	1.475	0.7375	0.590	0.295	429	215	143	71.5	35.8	17.9	14.3
2.96	1.480	0.7400	0.592	0.296	426	213	142	71.0	35.5	17.8	14.2
2.97	1.485	0.7425	0.594	0.297	423	212	141	70.5	35.3	17.6	14.1
2.98	1.490	0.7450	0.596	0.298	420	210	140	70.1	35.0	17.5	14.0
2.99	1.495	0.7475	0.598	0.299	417	209	139	69.6	34.8	17.4	13.9
3.00	1.500	0.7500	0.600	0.300	415	207	138	69.1	34.6	17.3	13.8
3.01	1.505	0.7525	0.602	0.301	412	206	137	68.6	34.3	17.2	13.7
3.02	1.510	0.7550	0.604	0.302	409	205	136	68.2	34.1	17.0	13.6
3.03	1.515	0.7575	0.606	0.303	406	204	135	67.7	33.9	16.9	13.5
3.04	1.520	0.7600	0.608	0.304	404	202	135	67.3	33.6	16.8	13.5
3.05	1.525	0.7625	0.610	0.305	401	200	134	66.8	33.4	16.7	13.4
3.06	1.530	0.7650	0.612	0.306	398	199	133	66.4	33.2	16.6	13.3
3.07	1.535	0.7675	0.614	0.307	395	198	132	65.9	33.0	16.5	13.2
3.08	1.540	0.7700	0.616	0.308	393	196	131	65.5	32.7	16.4	13.1
3.09	1.545	0.7725	0.618	0.309	390	195	130	65.0	32.5	16.3	13.0
3.10	1.550	0.7750	0.620	0.310	388	194	129	64.6	32.3	16.2	12.9
3.11	1.555	0.7775	0.622	0.311	385	193	128	64.2	32.1	16.0	12.8
3.12	1.560	0.7800	0.624	0.312	383	191	128	63.8	31.9	15.9	12.8
3.13	1.565	0.7825	0.626	0.313	380	190	127	63.3	31.7	15.8	12.7
3.14	1.570	0.7850	0.628	0.314	378	189	126	62.9	31.5	15.7	12.6
3.15	1.575	0.7875	0.630	0.315	375	188	125	62.5	31.3	15.6	12.5
3.16	1.580	0.7900	0.632	0.316	373	186	124	62.1	31.1	15.5	12.4
3.17	1.585	0.7925	0.634	0.317	370	185	123	61.7	30.9	15.4	12.3
3.18	1.590	0.7950	0.636	0.318	368	184	123	61.3	30.7	15.3	12.3
3.19	1.595	0.7975	0.638	0.319	366	183	122	60.9	30.5	15.2	12.2
3.20	1.600	0.8000	0.640	0.320	363	182	121	60.5	30.3	15.1	12.1
3.21	1.605	0.8025	0.642	0.321	361	180	120	60.1	30.1	15.0	12.0
3.22	1.610	0.8050	0.644	0.322	359	179	120	59.8	29.9	14.9	12.0
3.23	1.615	0.8075	0.646	0.323	356	178	119	59.4	29.7	14.8	11.9
3.24	1.620	0.8100	0.648	0.324	354	177	118	59.0	29.5	14.8	11.8
3.25	1.625	0.8125	0.650	0.325	352	176	117	58.6	29.3	14.7	11.7
3.26	1.630	0.8150	0.652	0.326	250	175	117	58.3	29.1	14.6	11.7
3.27	1.635	0.8164	0.654	0.327	347	174	116	57.9	29.0	14.5	11.6
3.28	1.640	0.8200	0.656	0.328	345	173	115	57.5	28.8	14.4	11.5
3.29	1.645	0.8225	0.658	0.329	343	172	114	57.2	28.6	14.3	11.4

球 直 径 D/mm					F/D²(0.102F/D²)						
10	5	2.5	2	1	30	15	10	5	2.5	1.25	1
压痕直径 d/mm					布氏硬度　HBS 或 HBW						
3.30	1.650	0.8250	0.660	0.330	341	170	114	56.8	28.4	14.2	11.4
3.31	1.655	0.8275	0.662	0.331	339	169	113	56.5	28.2	14.1	11.3
3.32	1.660	0.8300	0.664	0.332	337	168	112	56.1	28.1	14.0	11.2
3.33	1.665	0.8325	0.666	0.333	335	167	112	55.8	27.9	13.9	11.2
3.34	1.670	0.8350	0.668	0.334	333	166	111	55.4	27.7	13.9	11.1
3.35	1.675	0.8375	0.670	0.335	331	165	110	55.1	27.5	13.8	11.0
3.36	1.680	0.8400	0.672	0.336	329	164	110	54.8	27.4	13.7	11.0
3.37	1.685	0.8425	0.674	0.337	326	163	109	54.4	27.2	13.6	10.9
3.38	1.690	0.8450	0.676	0.338	325	162	108	54.1	27.0	13.5	10.8
3.39	1.695	0.8475	0.678	0.339	323	161	108	53.8	26.9	13.4	10.8
3.40	1.700	0.8500	0.680	0.340	321	160	107	53.4	26.7	13.4	10.7
3.41	1.705	0.8525	0.682	0.341	319	159	106	53.1	26.6	13.3	10.6
3.42	1.710	0.8550	0.684	0.342	317	158	106	52.8	26.4	13.2	10.6
3.43	1.715	0.8575	0.686	0.343	315	157	105	52.5	26.2	13.1	10.5
3.44	1.720	0.8600	0.688	0.344	313	156	104	52.2	26.1	13.0	10.4
3.45	1.725	0.8625	0.690	0.345	311	156	104	51.8	25.9	13.0	10.4
3.46	1.730	0.8650	0.692	0.346	309	155	103	51.5	25.8	12.9	10.3
3.47	1.735	0.8675	0.694	0.347	307	154	102	51.2	25.6	12.8	10.2
3.48	1.740	0.8700	0.696	0.348	306	153	102	50.9	25.5	12.7	10.2
3.49	1.745	0.8725	0.698	0.349	304	152	101	50.6	25.3	12.7	10.1
3.50	1.750	0.8750	0.700	0.350	302	151	101	50.3	25.2	12.6	10.1
3.51	1.755	0.8775	0.702	0.351	300	150	100	50.0	25.0	12.5	10.0
3.52	1.760	0.8800	0.704	0.352	298	149	99.5	49.7	24.9	12.4	9.95
3.53	1.765	0.8825	0.706	0.353	297	148	98.9	49.4	24.7	12.4	9.89
3.54	1.770	0.8850	0.708	0.354	295	147	98.3	49.2	24.6	12.3	9.83
3.55	1.775	0.8875	0.710	0.355	293	147	97.7	48.9	24.4	12.2	9.77
3.56	1.780	0.8900	0.712	0.356	292	146	97.2	48.6	24.3	12.1	9.72
3.57	1.785	0.8925	0.714	0.357	290	145	96.6	48.2	24.2	12.1	9.66
3.58	1.790	0.8950	0.716	0.358	288	144	96.1	48.0	24.0	12.0	9.61
3.59	1.795	0.8975	0.718	0.359	286	143	95.5	47.7	23.9	11.9	9.55
3.60	1.800	0.9000	0.720	0.360	285	142	95.0	47.5	23.7	11.9	9.50
3.61	1.805	0.9025	0.722	0.361	283	142	94.4	47.2	23.6	11.8	9.44
3.62	1.810	0.9050	0.724	0.362	282	141	93.9	46.9	23.5	11.7	9.39
3.63	1.815	0.9075	0.726	0.363	280	140	93.3	46.7	23.3	11.7	9.33
3.64	1.820	0.9100	0.728	0.364	278	139	92.8	46.4	23.2	11.6	9.28
3.65	1.825	0.9125	0.730	0.365	277	138	92.3	46.1	23.1	11.5	9.23
3.66	1.830	0.9150	0.732	0.366	275	138	01.8	45.9	22.9	11.5	9.18
3.67	1.835	0.9175	0.734	0.367	274	137	91.2	45.6	22.8	11.4	9.12
3.68	1.840	0.9200	0.736	0.368	272	136	90.7	45.4	22.7	11.3	9.07
3.69	1.845	0.9225	0.738	0.369	271	135	90.2	45.1	22.6	11.3	9.02
3.70	1.850	0.9250	0.740	0.370	269	136	89.7	44.9	22.4	11.2	8.97
3.71	1.855	0.9275	0.742	0.371	268	134	89.2	44.6	22.3	11.2	8.92
3.72	1.860	0.9300	0.744	0.372	266	133	88.7	44.4	22.2	11.1	8.87
3.73	1.865	0.9325	0.746	0.373	265	132	88.2	44.1	22.1	11.0	8.82
3.74	1.870	0.9350	0.748	0.374	263	132	87.7	43.9	21.9	11.0	8.77
3.75	1.875	0.9375	0.750	0.375	262	131	87.2	43.6	21.8	10.9	8.72
3.76	1.880	0.9400	0.752	0.376	260	130	86.8	43.4	21.7	10.8	8.68
3.77	1.885	0.9425	0.754	0.377	259	129	86.3	43.1	21.6	10.8	8.63
3.78	1.890	0.9450	0.756	0.378	257	129	85.8	43.9	21.5	10.7	8.58
3.79	1.895	0.9475	0.758	0.379	256	128	85.3	42.7	21.3	10.7	8.53
3.80	1.900	0.9500	0.760	0.380	255	127	84.9	42.4	21.2	10.6	8.49
3.81	1.905	0.9525	0.762	0.381	253	127	84.4	42.2	21.1	10.6	8.44
3.82	1.910	0.9550	0.764	0.382	252	126	83.9	42.0	21.0	10.5	8.39
3.83	1.915	0.9575	0.766	0.383	250	125	83.5	41.7	20.9	10.4	8.35
3.84	1.920	0.9600	0.768	0.384	249	125	83.0	41.5	20.8	10.4	8.30

球 直 径 D/mm					$F/D^2(0.102F/D^2)$						
10	5	2.5	2	1	30	15	10	5	2.5	1.25	1
压痕直径 d/mm					布氏硬度　HBS 或 HBW						
3.85	1.925	0.9625	0.770	0.385	248	124	82.6	41.3	20.4	10.3	8.26
3.86	1.930	0.9650	0.772	0.386	246	123	82.1	41.1	20.5	10.3	8.21
3.87	1.935	0.9675	0.774	0.387	245	123	81.7	40.9	20.4	10.2	8.17
3.88	1.940	0.9700	0.776	0.388	244	122	81.3	40.6	20.3	10.2	8.13
3.89	1.945	0.9725	0.778	0.389	242	121	80.8	40.4	20.2	10.1	8.08
3.90	1.950	0.9750	0.780	0.390	241	121	80.4	40.2	20.1	10.0	8.04
3.91	1.955	0.9775	0.782	0.391	240	120	80.0	40.0	20.0	10.0	8.00
3.92	1.960	0.9800	0.784	0.392	239	119	79.5	39.8	19.9	9.94	7.95
3.93	1.965	0.9825	0.786	0.393	237	119	79.1	39.6	19.8	9.89	7.91
3.94	1.970	0.9850	0.788	0.394	236	118	78.7	39.4	19.7	9.84	7.87
3.95	1.975	0.9875	0.790	0.395	235	117	78.3	39.1	19.6	9.79	7.83
3.96	1.980	0.9900	0.792	0.396	234	117	77.9	38.9	19.5	9.73	7.79
3.97	1.985	0.9925	0.794	0.397	232	116	77.5	38.7	19.4	9.68	7.75
3.98	1.990	0.9950	0.796	0.398	231	116	77.1	38.5	19.3	9.63	7.71
3.99	1.995	0.9955	0.798	0.399	230	115	76.7	38.3	19.2	9.58	7.67
4.00	2.000	1.000	0.800	0.400	229	114	76.5	38.1	19.1	9.53	7.63
4.01	2.005	1.0025	0.802	0.401	228	114	75.9	37.9	19.0	9.43	7.59
4.02	2.010	1.0050	0.804	0.402	226	113	75.5	37.7	18.9	9.43	7.55
4.03	2.015	1.0075	0.806	0.403	225	113	75.1	37.5	18.8	9.38	7.51
4.04	2.020	1.0100	0.808	0.404	224	112	74.7	37.3	18.7	9.34	7.47
4.05	2.025	1.0125	0.810	0.405	223	111	74.3	37.1	18.6	9.29	7.43
4.06	2.030	1.0150	0.812	0.406	222	111	73.9	37.0	18.5	9.24	7.39
4.07	2.035	1.0175	0.814	0.407	221	111	73.5	36.8	18.4	9.19	7.35
4.08	2.040	1.0200	0.816	0.408	219	110	73.2	36.6	18.3	9.14	7.32
4.09	2.045	1.0225	0.818	0.409	218	109	72.8	36.4	18.2	9.10	7.28
4.10	2.050	1.0250	0.820	0.410	217	109	72.4	36.2	18.1	9.05	7.24
4.11	2.055	1.0275	0.822	0.411	216	108	72.0	36.0	18.0	9.01	7.20
4.12	2.060	1.0300	0.824	0.412	215	108	71.7	35.8	17.9	8.96	7.17
4.13	2.065	1.0325	0.826	0.413	214	107	71.3	35.7	17.8	8.91	7.13
4.14	2.070	1.0350	0.828	0.414	213	106	71.0	35.5	17.7	8.87	7.10
4.15	2.075	1.0375	0.830	0.415	212	106	70.6	35.3	17.6	8.82	7.06
4.16	2.080	1.0400	0.832	0.416	211	105	70.2	35.1	17.6	8.78	7.02
4.17	2.085	1.0425	0.834	0.417	210	105	69.9	34.9	17.5	8.74	6.99
4.18	2.090	1.0450	0.836	0.418	209	104	69.5	34.8	17.4	8.69	6.95
4.19	2.095	1.0475	0.838	0.419	208	104	69.2	34.6	17.3	8.65	6.92
4.20	2.100	1.0500	0.840	0.420	207	103	68.8	34.4	17.2	8.61	6.88
4.21	2.105	1.0525	0.842	0.421	205	103	68.5	34.2	17.1	8.56	6.85
4.22	2.110	0.0550	0.844	0.422	204	102	68.2	34.1	17.0	8.52	6.82
4.23	2.115	1.0575	0.846	0.423	203	102	67.8	33.9	17.0	8.48	6.78
4.24	2.120	0.0600	0.848	0.424	202	101	67.5	33.7	61.9	8.44	6.75
4.25	2.125	1.0625	0.850	0.425	201	101	67.1	33.6	16.8	8.39	6.71
4.26	2.130	1.0650	0.852	0.426	200	100	66.8	33.4	16.7	8.35	6.68
4.27	2.135	1.0675	0.854	0.427	199	99.7	66.5	33.2	16.6	8.31	6.65
4.28	2.140	1.0700	0.856	0.428	198	99.2	66.2	33.1	16.5	8.27	6.62
4.29	2.145	1.0725	0.858	0.429	198	98.8	65.8	32.9	16.5	8.23	6.58
4.30	2.150	1.0750	0.860	0.430	197	98.3	65.5	32.8	16.4	8.19	6.55
4.31	2.155	1.0775	0.962	0.431	196	97.8	65.2	32.6	16.3	8.15	6.52
4.32	2.160	1.0800	0.864	0.432	195	97.3	64.9	32.4	16.2	8.11	6.49
4.33	2.165	1.0825	0.866	0.433	194	96.4	64.6	32.3	16.1	8.07	6.46
4.34	2.170	1.0850	0.868	0.434	193		64.2	32.1	16.1	8.08	6.42
4.35	2.175	1.0875	0.870	0.435	192	95.9	63.9	31.0	16.0	7.99	6.39
4.36	2.180	1.0900	0.872	0.436	191	95.4	63.6	31.8	15.9	7.95	6.36
4.37	2.185	1.0925	0.874	0.437	190	95.0	63.3	31.7	15.8	7.92	6.33
4.38	2.190	1.0950	0.876	0.438	189	94.5	63.0	31.5	15.8	7.88	6.30
4.39	2.195	1.0975	0.878	0.439	188	94.1	62.7	31.4	15.7	7.84	6.27

球　直　径 D/mm					$F/D^2(0.102F/D^2)$						
10	5	2.5	2	1	30	15	10	5	2.5	1.25	1
压痕直径 d/mm					布氏硬度　HBS 或 HBW						
4.40	2.200	1.1000	0.880	0.440	187	93.6	62.4	31.2	15.6	7.33	6.24
4.41	2.205	1.1025	0.882	0.441	186	93.2	62.1	31.1	15.5	7.76	6.21
4.42	2.210	1.1050	0.884	0.442	185	92.7	61.8	30.9	15.5	7.73	6.18
4.43	2.215	1.1075	0.886	0.443	185	92.3	61.5	30.8	15.4	7.69	6.15
4.44	2.220	1.1100	0.888	0.444	184	91.8	61.2	30.6	15.3	7.65	6.12
4.45	2.225	1.1126	0.890	0.445	183	91.4	60.9	30.9	15.2	7.62	6.09
4.46	2.230	1.1150	0.892	0.446	182	91.0	60.6	30.3	15.2	7.58	6.06
4.47	2.235	1.1175	0.894	0.447	181	90.6	60.4	30.2	15.1	7.55	6.04
4.48	2.240	1.1200	0.896	0.448	180	90.1	60.1	80.0	15.0	7.51	6.01
4.49	2.245	1.1225	0.898	0.449	179	89.7	59.8	29.9	14.0	7.47	5.98
4.50	2.250	1.1250	0.900	0.450	179	89.3	59.5	29.8	14.9	7.44	5.95
4.51	2.255	1.1275	0.902	0.451	178	88.9	59.2	29.6	14.8	7.40	5.92
4.52	2.260	1.1300	0.904	0.452	177	88.4	59.0	29.5	14.7	7.37	5.90
4.53	2.265	1.1325	0.906	0.453	176	88.0	58.7	29.3	14.7	7.34	5.87
4.54	2.270	1.1350	0.908	0.454	175	87.6	58.4	29.2	14.6	7.30	5.84
4.55	2.275	1.1375	0.910	0.455	174	87.2	58.1	29.1	14.5	7.27	5.81
4.56	2.280	1.1400	0.912	0.456	174	86.8	57.9	28.9	14.5	7.23	5.79
4.57	2.285	1.1425	0.914	0.457	173	86.4	57.6	28.8	14.4	7.20	5.76
4.58	2.290	1.1450	0.916	0.458	172	86.0	57.3	28.7	14.3	7.17	5.73
4.59	2.295	1.1470	0.918	0.459	171	85.0	57.1	28.5	14.3	7.13	5.71
4.60	2.300	1.1500	0.920	0.460	170	85.8	56.8	28.4	14.2	7.10	5.68
4.61	2.305	1.1525	0.922	0.461	170	84.5	56.5	28.3	14.1	7.07	5.65
4.62	2.310	1.1550	0.924	0.462	169	84.4	56.3	28.1	14.1	7.03	5.63
4.63	2.315	1.1575	0.926	0.463	168	84.0	56.0	28.0	14.0	7.03	5.60
4.64	2.320	1.1600	0.928	0.464	167	83.6	55.8	27.9	13.9	6.97	5.58
4.65	2.325	1.1625	0.930	0.465	167	83.3	55.5	27.8	13.9	6.94	5.55
4.66	2.330	1.1650	0.932	0.466	166	82.9	55.3	27.6	13.8	6.91	5.53
4.67	2.335	1.1675	0.934	0.467	165	82.5	55.0	27.5	13.8	6.88	5.50
4.68	2.340	1.1700	0.936	0.468	164	82.1	54.8	27.4	13.7	6.84	5.48
4.69	2.345	1.1725	0.938	0.469	164	81.8	54.5	27.3	13.6	6.81	5.45
4.70	2.350	1.1750	0.940	0.470	163	81.4	54.3	27.1	13.6	6.78	5.54
4.71	2.255	1.1775	0.942	0.471	162	81.0	54.0	27.0	13.5	6.75	5.40
4.72	2.360	1.1800	0.944	0.472	161	80.7	53.8	26.9	13.4	6.73	5.38
4.73	2.365	1.1825	0.946	0.473	161	80.3	53.5	26.8	13.4	6.69	5.36
4.74	2.370	1.1850	0.948	0.474	160	79.9	53.3	26.6	13.3	6.66	5.33
4.75	3.375	1.1875	0.950	0.475	159	79.6	53.0	26.5	13.3	6.63	5.30
4.76	2.380	1.1900	0.952	0.476	158	79.2	52.8	26.4	13.2	6.60	5.23
4.77	2.385	1.1925	0.954	0.477	158	78.9	62.6	26.3	13.1	6.57	5.26
4.78	2.390	1.1950	0.953	0.478	157	78.5	52.3	26.2	13.1	6.54	5.23
4.79	2.395	1.1975	0.958	0.479	156	78.2	52.1	26.1	13.0	6.51	5.21
4.80	2.400	1.2000	0.960	0.480	156	77.8	51.9	25.9	13.0	6.48	5.19
4.81	2.405	1.2025	0.962	0.481	155	77.5	51.6	25.8	12.9	6.46	5.16
4.82	2.410	1.2050	0.964	0.482	154	77.1	51.4	25.7	12.9	6.43	5.14
4.83	2.415	1.2075	0.966	0.488	154	76.8	51.2	25.6	12.8	6.40	5.12
4.84	2.420	1.2100	0.968	0.484	153	76.4	51.0	25.5	12.7	6.37	5.10
4.85	2.245	1.2125	0.970	0.485	152	76.1	50.7	25.4	12.7	6.34	5.07
4.86	2.430	1.2150	0.972	0.486	152	75.8	50.5	25.3	12.6	6.31	5.05
4.87	2.435	1.2175	0.974	0.487	151	85.4	50.2	25.1	12.6	6.29	5.08
4.88	2.440	1.2200	0.976	0.488	150	75.1	50.1	25.0	12.5	6.26	5.01
4.89	2.445	1.2225	0.978	0.488	150	74.8	49.8	24.9	12.5	6.28	4.98
4.90	2.450	1.2250	0.980	0.490	149	74.4	49.6	24.8	12.4	6.20	4.96
4.91	2.455	1.2275	0.982	0.491	148	74.1	49.4	24.7	12.4	6.18	4.94
4.92	2.460	1.2300	0.984	0.492	148	78.8	49.2	24.6	12.3	6.15	4.92
4.93	2.465	1.2325	0.986	0.493	147	78.5	49.0	24.5	12.2	6.12	4.90
4.94	2.470	1.2350	0.988	0.494	146	78.2	48.8	24.4	12.2	6.10	4.88

球　直　径 D/mm					$F/D^2(0.102F/D^2)$						
10	5	2.5	2	1	30	15	10	5	2.5	1.25	1
压痕直径 d/mm					布氏硬度　HBS 或 HBW						
4.95	2.475	1.2375	0.990	0.495	146	72.8	48.6	24.3	12.1	6.07	4.86
4.96	2.480	1.2400	0.992	0.496	145	72.5	48.3	24.2	12.1	6.04	4.83
4.97	2.485	1.2425	0.994	0.497	144	72.2	48.1	24.1	12.0	6.02	4.81
4.98	2.490	1.2450	0.996	0.498	144	71.9	47.9	24.0	12.0	5.99	4.79
4.99	2.495	1.2475	0.998	0.499	143	71.6	47.7	23.9	11.9	5.97	4.77
5.00	2.500	1.2500	1.000	0.500	143	7134	47.5	28.8	11.9	5.94	4.75
5.01	2.505	1.505	1.002	0.501	142	71.0	47.3	28.7	22.8	5.91	4.73
5.02	2.510	1.2550	1.004	0.502	141	70.7	47.1	28.6	22.8	5.89	4.71
5.03	2.515	1.2575	1.006	0.503	141	70.4	46.9	28.5	11.7	5.86	4.69
5.04	2.520	1.2600	1.008	0.504	140	70.1	46.7	28.4	11.7	5.84	4.67
5.05	2.525	1.2625	1.010	0.505	140	69.8	46.5	28.3	11.6	5.81	4.65
5.06	2.530	1.2650	1.012	0.506	139	69.5	46.3	28.2	11.6	5.79	4.63
5.07	2.535	1.26750	1.014	0.507	138	69.2	46.1	28.1	11.5	5.76	4.61
5.08	2.540	1.2700	1.016	0.508	138	68.9	45.9	28.0	11.5	5.74	4.59
5.09	2.545	1.3725	1.018	0.509	137	68.6	45.7	22.9	11.4	5.72	4.57
5.10	2.550	1.2750	1.020	0.510	137	68.3	45.5	22.8	11.4	5.69	4.55
5.11	2.555	1.2775	1.022	0.511	136	68.0	45.3	22.7	11.3	5.67	4.53
5.12	2.560	1.2800	1.024	0.512	135	67.7	45.1	22.6	11.3	5.64	4.51
5.13	2.565	1.2825	1.026	0.513	135	67.4	45.0	22.5	11.2	5.62	4.50
5.14	2.570	1.2850	1.028	0.514	134	67.1	44.8	22.4	11.2	5.60	4.48
5.15	2.575	1.2875	1.030	0.515	134	66.9	44.6	22.3	11.1	5.57	4.46
5.16	2.580	1.2900	1.032	0.516	133	66.6	44.4	22.2	11.1	5.55	4.44
5.17	2.585	1.2925	1.034	0.517	133	66.3	44.2	22.1	11.1	5.53	4.42
5.18	2.590	1.2950	1.036	0.518	132	66.0	44.0	22.0	11.0	5.50	4.40
5.19	2.595	1.2975	1.038	0.519	132	65.8	43.8	21.9	11.0	5.48	4.38
5.20	2.600	1.3000	1.040	0.520	131	65.5	43.7	21.8	10.9	5.46	4.37
5.21	2.605	1.3025	1.042	0.521	130	65.2	43.5	21.7	10.9	5.43	4.35
5.22	2.610	1.3050	1.044	0.522	130	64.9	53.3	21.6	10.8	5.41	4.33
5.23	2.615	1.3075	1.046	0.523	129	64.7	43.1	21.6	10.8	5.39	4.31
5.24	2.620	1.3100	1.048	0.524	129	64.4	42.9	21.5	10.7	5.37	4.29
5.25	2.625	1.3125	1.050	0.525	128	64.1	42.8	21.4	10.7	5.34	4.28
5.26	2.630	1.3150	1.052	0.526	128	63.9	42.6	21.3	10.6	5.32	4.26
5.27	2.635	1.3175	1.054	0.527	127	63.6	42.4	21.2	10.6	5.30	4.24
5.28	2.640	1.3200	1.056	0.528	127	63.3	42.2	21.1	10.6	5.28	4.22
5.29	2.645	1.3225	1.058	0.529	126	63.1	42.1	21.0	10.5	5.26	4.21
5.30	2.650	1.3250	1.060	0.530	126	62.8	41.9	20.9	10.5	5.24	4.19
5.31	2.655	1.3275	1.062	0.531	125	62.6	41.7	20.9	10.4	5.21	4.17
5.32	2.660	1.3300	1.064	0.532	125	62.3	41.5	20.8	10.4	5.19	4.15
5.33	2.665	1.3325	1.066	0.533	124	62.1	41.4	20.7	10.3	5.17	4.14
5.34	2.670	1.3350	1.068	0.534	124	61.8	41.2	20.6	10.3	5.15	4.12
5.35	2.675	1.3375	1.070	0.535	123	61.5	41.0	20.5	10.3	5.13	4.10
5.36	2.680	1.3400	1.072	0.536	123	61.3	40.9	20.4	10.2	5.11	4.09
5.37	2.685	1.3425	1.074	0.537	122	61.0	40.7	20.3	10.2	5.09	4.07
5.38	2.690	1.3450	1.076	0.538	122	60.8	40.5	20.3	10.1	5.07	4.05
5.39	2.695	1.3475	1.078	0.539	121	60.6	40.4	20.2	10.1	5.05	4.04
5.40	2.700	1.3500	1.080	0.540	121	60.3	40.2	20.1	10.1	5.03	4.02
5.41	2.705	1.3525	1.082	0.541	120	60.1	40.0	20.0	10.0	5.01	4.00
5.42	2.710	1.3550	1.084	0.542	120	59.8	39.9	19.9	9.97	4.99	3.99
5.43	2.715	1.3573	1.086	0.543	119	59.6	39.7	19.9	9.93	4.97	3.97
5.44	2.720	1.3600	1.088	0.544	119	59.3	39.6	19.8	9.89	4.95	3.96
5.45	2.725	1.3625	1.090	0.545	118	59.1	39.4	19.7	9.85	4.93	3.94
5.46	2.730	1.3650	1.092	0.546	118	58.9	39.2	19.6	9.81	4.91	3.92
5.47	2.735	1.3675	1.094	0.547	117	58.6	39.1	19.5	9.77	4.89	3.91
5.48	2.740	1.3700	1.096	0.548	117	58.4	38.9	19.5	9.73	4.87	3.89
5.49	2.745	1.3725	1.098	0.549	116	58.2	38.8	19.4	9.69	4.85	3.88

球 直 径 D/mm					F/D²(0.102F/D²)						
10	5	2.5	2	1	30	15	10	5	2.5	1.25	1
压痕直径 d/mm					布氏硬度　HBS 或 HBW						
5.50	2.750	1.3750	1.100	0.550	116	57.9	38.6	19.3	9.66	4.83	3.86
5.51	2.755	1.3775	1.102	0.551	115	57.7	38.5	19.2	9.62	4.81	3.85
5.52	2.760	1.3800	1.104	0.662	115	57.5	38.3	19.2	9.58	4.79	3.83
5.53	2.765	1.3825	1.106	0.553	114	57.2	38.2	19.1	9.54	4.77	3.82
5.54	2.770	1.3850	1.108	0.554	114	57.0	38.0	19.0	9.50	4.75	3.80
5.55	2.775	1.3875	1.110	0.555	114	56.8	37.9	18.9	9.47	4.73	3.79
5.56	2.780	1.3900	1.112	0.556	113	56.6	37.7	18.9	9.43	4.71	3.77
5.57	2.785	1.3925	1.114	0.557	113	56.3	37.6	18.8	9.39	4.70	3.76
5.58	2.790	1.3950	1.116	0.558	112	56.1	37.4	18.7	9.35	4.68	3.74
5.59	2.795	1.3975	1.118	0.559	112	55.9	37.3	18.6	9.32	4.66	3.73
5.60	2.800	1.4000	1.120	0.560	111	55.7	37.1	18.6	9.28	4.64	3.71
5.61	2.805	1.4025	1.122	0.561	111	55.5	37.0	18.5	9.24	4.62	3.70
5.62	2.810	1.4050	1.124	0.562	110	55.2	36.8	18.4	9.21	4.60	3.68
5.63	2.815	1.4075	1.126	0.563	110	55.0	36.7	18.3	9.17	4.59	3.67
5.64	2.820	1.4100	1.128	0.564	110	54.8	36.5	18.3	9.14	4.57	3.65
5.65	2.825	1.4125	1.130	0.565	109	54.6	36.4	18.2	9.10	4.55	3.64
5.66	2.830	1.4150	1.132	0.566	109	54.4	36.3	18.1	9.06	4.53	3.63
5.67	2.835	1.4175	1.134	0.567	108	54.2	36.1	18.1	9.03	4.51	3.61
5.68	2.840	1.4200	1.136	0.568	108	54.0	36.0	18.0	8.99	4.50	3.60
5.69	2.845	1.4225	1.138	0.569	107	53.7	35.8	17.9	8.96	4.48	3.58
5.70	2.850	1.4250	1.140	0.570	107	53.5	35.7	17.8	8.92	4.46	3.57
5.71	2.855	1.4275	1.142	0.571	107	53%3	35.6	17.8	8.89	4.44	3.56
5.72	2.860	1.4300	1.144	0.572	106	53.1	35.4	17.7	8.85	4.43	3.54
5.73	2.865	1.4325	1.146	0.573	106	52.9	35.3	17.6	8.82	4.41	3.53
5.74	2.870	1.4350	1.148	0.574	105	52.7	35.1	17.6	8.79	4.39	3.51
5.75	2.875	1.4375	1.150	0.575	105	52.5	35.0	17.5	8.75	4.38	3.50
5.76	2.880	1.4400	1.152	0.576	105	52.3	34.9	17.4	8.72	4.36	3.49
5.77	2.885	1.4425	1.154	0.578	104	52.1	34.7	17.4	8.68	4.34	3.47
5.78	2.890	1.4450	1.156	0.579	104	51.9	34.6	17.3	8.65	4.33	3.46
5.79	2.895	1.4475	1.158	0.579	104	51.7	34.5	17.2	8.62	4.31	3.45
5.80	2.900	1.4500	1.160	0.580	103	51.5	34.3	17.2	8.58	4.29	3.43
5.81	2.905	1.4525	1.162	0.581	103	51.3	34.2	17.1	8.55	4.28	3.42
5.82	2.910	1.4550	1.164	0.582	102	51.1	34.1	17.0	8.52	4.26	3.41
5.83	2.915	1.4575	1.166	0.583	102	50.9	33.9	17.0	8.49	4.24	3.39
5.84	2.920	1.4600	1.168	0.584	101	50.7	33.8	16.9	8.45	4.23	3.38
5.85	2.925	1.4625	1.170	0.585	101	50.5	33.7	16.8	8.42	4.21	3.37
5.86	2.930	1.4650	1.172	0.586	101	50.3	33.6	16.8	8.39	4.20	3.36
5.87	2.935	1.4675	1.174	0.587	100	50.2	33.4	16.7	8.36	4.18	3.34
5.88	2.940	1.4700	1.176	0.588	99.9	50.0	33.3	16.7	8.33	4.16	3.33
5.89	2.945	1.4725	1.178	0.589	99.5	49.8	33.2	16.6	8.30	4.15	3.32
5.90	2.950	1.4750	1.180	0.590	99.2	49.6	33.1	16.5	8.26	4.13	3.31
5.91	2.955	1.4775	1.182	0.591	98.8	49.4	32.9	16.5	8.23	4.12	3.29
5.92	2.960	1.4800	1.184	0.592	98.4	49.2	32.8	16.4	8.20	4.10	3.23
5.93	2.965	1.4825	1.186	0.593	98.0	49.0	32.7	16.3	8.17	4.09	3.27
5.94	2.970	1.4850	1.188	0.594	97.7	48.8	32.6	16.3	8.14	4.07	3.26
5.95	2.975	1.4875	1.190	0.595	97.3	48.7	32.4	16.2	8.11	4.05	3.24
5.96	2.980	1.4900	1.192	0.596	96.9	48.5	32.3	16.2	8.08	4.04	3.23
5.97	2.985	1.4925	1.194	0.597	96.6	48.3	32.2	16.1	8.05	4.02	3.22
5.98	2.990	1.4950	1.196	0.598	96.2	48.1	32.1	16.0	8.02	4.01	3.21
5.99	2.995	1.4975	1.198	0.599	95.9	47.9	32.0	16.0	7.99	3.99	3.20
6.00	3.000	1.5000	1.200	0.600	95.5	47.7	31.8	15.9	7.96	3.98	3.18

附录三 黑色金属硬度及强度换算表

硬　　　度			碳钢抗拉强度	硬　　　度			碳钢抗拉强度
洛　氏	维　氏	布　氏	σ_b/MPa	洛　氏	维　氏	布　氏	σ_b/MPa
HRB	HV	HBS	或/(kg·f·mm^{-2})	HRB	HV	HBS	或/(kg·f·mm^{-2})
100.0	233		803(80.3)	80.0	146	133	508(50.8)
99.5	230		793(79.3)	79.5	145	132	503(50.3)
99.0	227		783(78.3)	79.0	143	130	498(49.8)
98.5	225		773(77.3)	78.5	142	129	494(49.4)
98.0	222		763(76.3)	78.0	140	128	489(48.9)
97.5	219		754(75.4)	77.5	139	127	485(48.5)
97.0	216		744(74.4)	77.0	138	126	480(48.0)
96.5	214		735(73.5)	76.5	136	125	476(47.6)
96.0	211		726(72.6)	76.0	135	124	472(47.2)
95.5	208		717(71.7)	75.5	134	123	468(46.8)
95.0	206		708(70.8)	75.0	132	122	464(46.4)
94.5	203		700(70.0)	74.5	131	121	460(46.0)
94.0	201		691(69.1)	74.0	130	120	456(45.6)
93.5	199		683(68.3)	73.5	129	110	452(45.2)
93.0	196		675(67.5)	73.0	128	118	449(44.9)
92.5	194		667(66.7)	72.5	126	117	445(44.5)
92.0	191		659(65.9)	72.0	125	116	442(44.2)
91.5	189		651(65.1)	71.5	124	115	439(43.9)
91.0	187		644(64.4)	71.0	123	115	435(43.5)
90.0	185		636(63.6)	70.5	122	114	432(43.2)
90.0	183		629(62.9)	70.0	121	113	429(42.9)
89.5	180		621(62.1)	69.5	120	112	426(42.6)
89.0	178		614(61.4)	69.0	119	112	423(42.3)
88.5	176		607(60.7)	68.5	118	111	420(42.0)
88.0	174		601(60.1)	68.0	117	110	418(41.8)
87.5	172		594(59.4)	67.5	116	110	415(41.5)
87.0	170		587(58.7)	67.0	115	109	412(41.2)
86.5	168		581(58.1)	66.5	115	108	410(41.0)
86.0	166		575(57.5)	66.0	114	108	407(40.7)
85.5	165		568(56.8)	65.5	113	107	405(40.5)
85.0	163		562(56.2)	65.0	112	107	403(40.3)
84.5	161		556(55.6)	64.5	111	106	400(40.0)
84.0	159		550(55.0)	64.0	110	106	398(39.8)
83.5	157		545(54.5)	63.5	110	105	396(39.6)
83.0	156		539(53.9)	63.0	109	105	394(39.4)
82.5	154	140	534(53.4)	62.5	108	104	392(39.2)
82.0	152	138	528(52.8)	62.0	108	104	390(39.0)
81.5	151	137	623(62.3)	61.5	107	103	388(38.8)
81.0	149	136	518(51.8)	61.0	106	103	386(38.6)
80.5	148	134	513(51.3)	60.5	105	102	385(38.5)

说明：1. 本附录摘自 GB1172—74《黑色金属硬度及强度换算值》。有关部分适当调整和压缩。

　　　2. 布氏硬度 $0.102\{F\}_N/\{D\}^2_{mm}=\{F\}_{kg·f}/\{D\}^2_{mm}=10$

硬　　　度				碳钢抗拉强度	硬　　　度				碳钢抗拉强度
洛　　氏		维　氏	布　氏	σ_b/MPa	洛　　氏		维　氏	布　氏	σ_b/MPa
HRC	HRA	HV	HBS	或/$(kg \cdot f \cdot mm^{-2})$	HRC	HRA	HV	HBS	或/$(kg \cdot f \cdot mm^{-2})$
60.0	81.2	713			40.0	70.5	377	370	1296(129.6)
59.5	80.9	700			39.5	70.3	372	365	1279(127.9)
59.0	80.6	688			39.0	70.0	367	360	1263(126.3)
58.5	80.3	676			38.5		362	355	1246(124.6)
58.0	80.1	664			38.0		357	350	1231(123.1)
57.5	79.8	653			37.5		352	345	1215(121.5)
57.0	79.5	642			37.0		347	341	1200(120.0)
56.5	79.8	631			36.5		342	336	1185(118.5)
56.0	79.0	620			36.0		338	332	1170(117.0)
55.5	78.7	609			35.5		333	327	1156(115.6)
55.0	78.5	599			35.0		329	323	1141(114.1)
54.5	78.2	589			34.5		324	318	1127(112.7)
54.0	77.9	579			34.0		320	314	1113(111.3)
53.5	77.7	570			33.5		316	310	1100(110.0)
53.0	77.4	561			33.0		312	306	1086(108.6)
52.5	77.1	551			32.5		308	302	1073(107.3)
52.0	76.9	543			32.0		304	298	1060(106.0)
51.5	76.6	534			31.5		300	294	1047(104.7)
51.0	76.3	525	501		31.0		296	291	1034(103.4)
50.5	76.1	517	494		30.5		287	287	1021(102.1)
50.0	75.8	509	483	1744(174.4)	30.0		289	283	1009(100.9)
49.5	75.5	501	481	1714(171.4)	29.5		285	280	997 (99.7)
49.0	75.3	493	474	1686(168.6)	29.0		281	276	984 (98.4)
48.5	75.0	485	468	1658(165.8)	28.5		278	273	972 (97.2)
48.0	74.7	478	461	1631(163.1)	28.0		274	269	961 (96.1)
47.5	74.5	470	455	1606(160.6)	27.5		271	266	949 (94.9)
47.0	74.2	463	449	1581(158.1)	27.0		268	263	937 (93.7)
46.5	73.9	456	442	1556(155.6)	26.5		264	260	926 (92.6)
46.0	73.7	449	436	1533(153.3)	26.0		261	257	914 (91.4)
45.5	73.4	443	430	1510(151.0)	25.5		258	254	903 (90.3)
45.0	73.2	436	424	1488(148.8)	25.0		255	251	892(89.2)
44.5	72.9	429	418	1466(146.6)	24.5		252	248	881(88.1)
44.0	72.6	423	413	1445(144.5)	24.0		249	245	870(87.0)
43.5	72.4	417	407	1425(142.5)	23.5		246	242	860(86.0)
43.0	72.1	411	401	1405(140.5)	23.0		243	240	849(84.9)
42.5	71.8	405	396	1386(138.6)	22.5		240	237	839(83.9)
42.0	71.6	399	391	1367(136.7)	22.0		237	234	829(82.9)
41.5	71.3	398	385	1348(134.8)	21.5		234	232	819(81.9)
41.0	71.1	388	380	1331(133.1)	21.0		231	229	809(80.9)
40.5	70.8	382	375	1313(131.3)	20.5		229	227	799(79.9)

参考文献

[1] 高为国，朱理. 机械基础实验[M]. 武汉：华中科技大学出版社，2006

[2] 李慧中. 机械工程材料实验教程[M]. 北京：中国水利水电出版社，2011

[3] 初福民. 机械工程材料实验与习题[M]. 北京：机械工业出版社，2003

[4] 徐善国，等. 机械工程材料辅导·习题·实验[M]. 大连：大连理工大学出版社，2010

[5] 高为国，钟利萍. 机械工程材料[M]. 长沙：中南大学出版社，2011

[6] 徐志农. 工程材料实验教程[M]. 武汉：华中科技大学出版社，2009

[7] 朱张校. 工程材料习题与辅导[M]. 北京：清华大学出版社，2011

[8] 吴晶，等. 机械工程材料实验指导书[M]. 北京：化学工业出版社，2006

[9] 王立存. 现代机械工程基础创新实验教程[M]. 重庆：重庆大学出版社，2011

图书在版编目(CIP)数据

机械工程材料实验/董丽君,高为国主编. —长沙:
中南大学出版社,2012.8(2025.8 重印)

ISBN 978-7-5487-0602-1

Ⅰ. ①机… Ⅱ. ①董… ②高… Ⅲ. ①机械制造材料—
材料试验—高等学校—教材 Ⅳ. ①TH140.7

中国版本图书馆 CIP 数据核字(2012)第 181113 号

机械工程材料实验

主编 董丽君 高为国

□ 出 版 人	林绵优		
□ 责任编辑	谭 平		
□ 责任印制	唐 曦		
□ 出版发行	中南大学出版社		
	社址:长沙市麓山南路	邮编:410083	
	发行科电话:0731-88876770	传真:0731-88710482	
□ 印 装	长沙印通印刷有限公司		

□ 开 本	787 mm×1092 mm 1/16	□印张 5.75	□字数 140 千字
□ 版 次	2012 年 8 月第 1 版	□印次 2025 年 8 月第 6 次印刷	
□ 书 号	ISBN 978-7-5487-0602-1		
□ 定 价	16.00 元		